經營中國跨境電商
理論與實訓

主編 王美英、李軍、羅珊珊
副主編 崔瑩、李旭鵬

崧燁文化

前 言

隨著互聯網時代的到來，跨境電商出現蓬勃發展之勢。跨境電商作為拓展海外行銷渠道、提升品牌國際形象和增強核心競爭力的有效途徑，得到了世界各國政府和企業的關注，並在全球範圍異軍突起，改變著外貿企業傳統經營方式，也深刻影響著對外貿易產業鏈佈局。

與此同時各行各業蓬勃發展的背景下，大學畢業生的就業問題廣受社會關注。大學生就業難的主要原因在於畢業生們往往缺乏市場所需的工作知識與技能，且缺乏高效透明的瞭解行業的通道，導致其無法在崗位中實際應用所學，在邁入社會後極易迷茫，與社會脫節。這些現象警示著教學更應貼切當下和未來社會對人才的需求，將人才培養計劃與市場接軌，讓市場上真實的交易場景能全面地呈現在學生面前，將基礎知識的學習與真實場景的訓練有機地結合起來，建立學生在學習和實踐兩個環節的有機的循環機制，真正培養出符合市場需求的國際性綜合人才。

本教材正是在上述要求的指導下，由多年從事相關課程教學工作、具有深厚專業教學經驗的教師編寫而成。編者基於目前部分高校跨境電商實驗課程指導教材缺乏的現狀，從實際教學需要出發，針對學生在實驗過程中的困惑及疑問編寫了本教材，並力求使教材符合學生的實際需求，應用性較強。

本教材由王美英負責全書各章節的結構、內容的策劃和統稿工作。參加編寫的人員主要是王美英、李軍、羅姍姍，同時本書的編寫也得到崔瑩、李旭鵬等的鼎力支持。

限於編者的水準，加之相關法律法規日益更新，書中不當和疏漏之處在所難免，敬請讀者批評指正。

編者

目 錄

第一部分　理論

第 1 章　跨境電商概述 ⋯⋯⋯⋯⋯⋯⋯⋯⋯⋯⋯⋯⋯⋯⋯⋯⋯ (3)
　1.1　跨境電商的概念 ⋯⋯⋯⋯⋯⋯⋯⋯⋯⋯⋯⋯⋯⋯⋯⋯ (3)
　1.2　跨境電商與電子商務的關係 ⋯⋯⋯⋯⋯⋯⋯⋯⋯⋯⋯⋯ (3)
　1.3　跨境電商與對外貿易的關係 ⋯⋯⋯⋯⋯⋯⋯⋯⋯⋯⋯⋯ (4)
　1.4　跨境電商的特徵 ⋯⋯⋯⋯⋯⋯⋯⋯⋯⋯⋯⋯⋯⋯⋯⋯ (5)
　1.5　跨境電商的分類 ⋯⋯⋯⋯⋯⋯⋯⋯⋯⋯⋯⋯⋯⋯⋯⋯ (7)

第 2 章　中國跨境電商的發展背景和趨勢 ⋯⋯⋯⋯⋯⋯⋯⋯⋯ (9)
　2.1　中國跨境電商的產生背景 ⋯⋯⋯⋯⋯⋯⋯⋯⋯⋯⋯⋯⋯ (9)
　2.2　中國跨境電商的發展歷程 ⋯⋯⋯⋯⋯⋯⋯⋯⋯⋯⋯⋯ (10)
　2.3　中國中小外貿企業開展跨境電商業務的必要性 ⋯⋯⋯⋯⋯ (14)
　2.4　中國發展跨境電商的意義 ⋯⋯⋯⋯⋯⋯⋯⋯⋯⋯⋯⋯ (15)
　2.5　中國跨境電商的發展趨勢 ⋯⋯⋯⋯⋯⋯⋯⋯⋯⋯⋯⋯ (16)

第 3 章　跨境電商平臺介紹 ⋯⋯⋯⋯⋯⋯⋯⋯⋯⋯⋯⋯⋯⋯ (20)
　3.1　亞馬遜 ⋯⋯⋯⋯⋯⋯⋯⋯⋯⋯⋯⋯⋯⋯⋯⋯⋯⋯⋯ (20)
　3.2　ebay ⋯⋯⋯⋯⋯⋯⋯⋯⋯⋯⋯⋯⋯⋯⋯⋯⋯⋯⋯⋯ (22)
　3.3　速賣通 ⋯⋯⋯⋯⋯⋯⋯⋯⋯⋯⋯⋯⋯⋯⋯⋯⋯⋯⋯ (23)
　3.4　敦煌網 ⋯⋯⋯⋯⋯⋯⋯⋯⋯⋯⋯⋯⋯⋯⋯⋯⋯⋯⋯ (26)
　3.5　蘭亭集勢 ⋯⋯⋯⋯⋯⋯⋯⋯⋯⋯⋯⋯⋯⋯⋯⋯⋯⋯ (28)
　3.6　大龍網 ⋯⋯⋯⋯⋯⋯⋯⋯⋯⋯⋯⋯⋯⋯⋯⋯⋯⋯⋯ (31)

第 4 章　跨境電商營運 ……………………………………………………（34）
4.1　跨境電商的行銷推廣 ……………………………………………（34）
4.2　跨境電商支付 ………………………………………………………（37）
4.3　跨境電商物流 ………………………………………………………（40）
4.4　跨境電商法律監管問題 ……………………………………………（47）

第 5 章　中國跨境電子商務試點城市 ………………………………（49）
5.1　建設概況 ……………………………………………………………（49）
5.2　杭州跨境電商綜合試驗區 …………………………………………（50）
5.3　上海跨境電商綜合試驗區 …………………………………………（53）
5.4　重慶跨境電商綜合試驗區 …………………………………………（55）

第二部分　實訓

第 6 章　實訓基本操作 …………………………………………………（59）
6.1　實訓概要 ……………………………………………………………（59）
6.2　單據填製方法 ………………………………………………………（60）
6.3　商品包裝計算 ………………………………………………………（62）
6.4　海運集裝箱數量核算 ………………………………………………（63）
6.5　產品定價策略 ………………………………………………………（64）

第 7 章　敦煌網 …………………………………………………………（67）
7.1　登錄及主界面 ………………………………………………………（67）
7.2　實訓操作說明 ………………………………………………………（69）

第 8 章　速賣通 …………………………………………………………（118）
8.1　基本實訓流程介紹 …………………………………………………（118）
8.2　賣家操作步驟 ………………………………………………………（119）
8.3　買家操作步驟 ………………………………………………………（148）

第9章　阿里國際站 …………………………………………………（159）
　　9.1　基本實訓流程介紹 ……………………………………（159）
　　9.2　操作步驟 …………………………………………………（160）

參考文獻 ………………………………………………………………（188）

第一部分　理論

第 1 章　跨境電商概述

1.1　跨境電商的概念

　　跨境電商是跨境電子商務的簡稱，是指分屬不同關境的交易主體，通過電子商務平臺達成商品或信息交易、進行支付結算，並通過跨境物流送達商品，從而完成交易的一種國際商業活動。跨境電商是「商務+技術+全球化」的產物，相對於電子商務多了一層國際性的特點，然而其歸根究柢是電子商務的一種跨境流動方式。

　　狹義上的跨境電商一般是指跨境網絡零售，包括了 B2C 和 C2C 等最終面向消費者的交易模式。而廣義上的跨境電商除狹義範圍之外，還包括位於不同關境的企業之間運用電子商務來實現交易的跨境貿易行為。本書討論的是對跨境電商廣義的解釋。

1.2　跨境電商與電子商務的關係

1.2.1　跨境電商與電子商務的聯繫

　　第一，跨境電商本質上是電子商務的一種特殊表現形式，是交易主體分屬不同國家或關境的一種國際經濟貿易形式。無論是境內企業通過出口型跨境電商把商品銷售到境外，還是境內消費者通過進口型跨境電商購買境外的商品，它們的本質都是將互聯網作為媒介，將買賣雙方的交易信息進行整合、匹配、交換，然後線上支付、運輸，進而完成從線上到線下的交易過程。這一過程都沒有超出電子商務的範疇，都是在開放的網絡環境下，通過瀏覽器或者服務器等工具，買賣雙方不需要通過見面而進行的各種貿易活動。

　　第二，跨境電商起源於傳統電子商務。從時間上看，跨境電商的出現要晚於傳統電子商務。中國設立首批跨境電商服務試點是在 2012 年 12 月，而中國自 1990 年開始，就將電子商務的發展列入「八五」國家科技攻關項目。國內的電子商務企業例如阿里巴巴、淘寶網等也在 20 世紀 90 年代後期就開始進入人們的生活中。從交易主體看，跨境電商主要的交易主體來自傳統電商。跨境電商的買方，往往先是傳統電商的使用者，這些人掌握了網上購物技巧，有著豐富的網上購物經歷，對跨境電商更易接受與操作；跨境電商的賣方，往往先是傳統電商的競爭者，例如天貓國際、聚美極速免稅店等國內電商，易貝（ebay）、亞馬遜（Amazon）等國外電商，都是起步於國內市場並在占領

國內市場之後再將業務延伸到跨境電商領域。

1.2.2 跨境電商與傳統電子商務的區別

首先，交易雙方的主體不同。跨境電商的買賣雙方要分別處於不同國家、關境，有國籍或地域的限制。而在傳統電子商務中，買賣雙方往往都處在同一國家和關境，不涉及關稅問題。

其次，跨境電商與傳統電商的監管方式不同。例如保稅進口就是跨境電商的一個主要進口方式，跨境電商商品要經由海外正規渠道採購，並進行預申報備案，全程在海關、檢驗檢疫部門的監管下，提前將商品存儲在海關特殊監管區域，待消費者完成訂單支付和納稅、貨物清關後直接從海關特殊監管區域配送到消費者手中。

最後，兩者的運作流程不同。傳統電子商務的業務流程可以總結為消費者下單支付，電商處理信息並聯繫物流發貨，商品經物流到達消費者。而跨境電商的業務流程相對更複雜，多了國際物流、出入境、報關清關和國際結算業務等流程。

1.3 跨境電商與對外貿易的關係

1.3.1 跨境電商與對外貿易的聯繫

第一，跨境電商是對外貿易的一種新形式。跨境電商實際上是買賣雙方借助互聯網實現資金流和商品流的反方向流動，開啓了國際貿易電子化的新模式。第二，跨境電商的發展與對外貿易的整體發展相互促進。作為對外貿易的一部分，跨境電商的規模受限於對外貿易的整體規模，只有把蛋糕做大，跨境電商才能在競爭激烈的對外貿易中占得更大的份額；跨境電商的發展依賴於對外貿易的整體發展，只有對外貿易的商品種類日益豐富，跨境電商的商品內容才能不斷擴充。與此同時，跨境電商的飛速發展也是對外貿易發展的巨大引擎，能為對外貿易提供充滿活力的新動力。兩者是相互促進，共同發展的關係。

1.3.2 跨境電商與傳統對外貿易的區別

跨境電商相比於傳統的對外貿易，顯著的區別在於，充分借助了互聯網電子商務平臺。跨境電商具有4個特點：①簡潔化，跨境電商可以借助社交工具將買賣雙方放到同一平臺進行直接交流，縮短了交易時間和物流時間，使得交易更加簡潔。②批量小，相比於傳統貿易，跨境電商的訂單金額較低、單次貨物較少。③高頻度，由於批量小，操作簡單，成本較低，跨境電商交易的頻率非常高，也不局限在企業和企業之間，單個的消費者也可以成為一個獨立的交易主體。④數字化，隨著網絡信息技術的深化，數字化產品在交易中所占的比重明顯增加。

由於以上特點，跨境電商在與傳統貿易比較中具備了3個優勢：①成本低，互聯網技術的運用，讓買賣雙方直接面對面，消除了層層分級的中間商，減少了交易環節。

②速度快，不斷發展的現代物流可以迅速接收並處理跨境電商平臺上的訂單信息，在一到兩週內將商品送到消費者手中。③操作簡單，跨境電商和普通網購的操作相似，隨著互聯網的普及，海外購物或銷售將成為一種普遍的現象。

1.4 跨境電商的特徵

跨境電商是依託互聯網發展起來的，也是互聯網與對外貿易結合的新產物。跨境電商主要具有6個方面的特徵。

1.4.1 全球性

網絡是一個沒有邊界的媒介體，具有全球性和非中心化的特徵。依附於網絡發生的跨境電商也因此具有了全球性和非中心化的特性。電子商務與傳統的交易方式相比，一個重要特點在於電子商務是一種無邊界交易。互聯網用戶不需要考慮跨越國界就可以把產品尤其是高附加值產品和服務提交到市場。網絡的全球性特徵帶來的積極影響是信息最大程度的共享，消極影響是用戶必須面臨因文化、政治和法律的不同而產生的風險。

跨境電商的這一特點對各國（地區）的稅收監管提出了挑戰。美國財政部在其財政報告中指出，對基於全球化的網絡建立起來的電子商務活動進行課稅是困難重重的，因為電子商務是基於虛擬的電腦空間展開的，不受傳統交易方式下地理因素的限制。比如，一家很小的愛爾蘭在線公司，通過一個可供世界各地的消費者點擊觀看的網頁，就可以通過互聯網銷售其產品和服務。這種遠程交易的發展，給稅收當局徵稅製造了許多困難。由於稅收權力只能嚴格地在一國或一地區範圍內實施，網絡的這種特性為稅務機關對超越一國或一地區的在線交易行使稅收管轄權帶來了困難。

1.4.2 多邊性

傳統的對外貿易模式主要涉及兩個國家或地區之間的雙邊貿易，而跨境電商使交易過程中的信息流、物流、資金流等由傳統的雙邊模式逐漸向多邊模式演進，新型的網狀結構替代傳統雙邊貿易的線狀結構。跨境電商可通過甲國（地區）的交易平臺、乙國（地區）的物流運輸平臺及丙國（地區）的支付平臺，實現各國家或地區間的直接貿易。

1.4.3 無紙化、無形性

電子商務主要採取無紙化操作的方式，這是以電子商務形式進行交易的主要特徵。在電子商務中，計算機通信記錄取代了一系列的紙面交易文件。用戶通過網絡發送或接收電子信息。由於電子信息以比特的形式存在和傳送，整個信息發送和接收過程實現了無紙化。

無紙化帶來的積極影響是使信息傳遞擺脫了紙張的限制，但由於傳統法律的許多

規範是以「有紙交易」為出發點的，因此無紙化也帶來了法律方面的難題。電子商務以數字合同、數字時間替代了傳統貿易中的書面合同、結算票據，削弱了稅務當局獲取跨境納稅人經營狀況和財務信息的能力，且電子商務所採用的其他保密措施也將增加稅務機關掌握納稅人財務信息的難度。在某些交易無據可查的情形下，跨境納稅人的申報額將會大大降低，應納稅所得額和所徵稅款都將少於實際所達到的數量，從而引起徵稅國（地區）國際稅收流失。

傳統貿易從訂購合同到買賣票據，都是依靠書面完成，是有形的商品買賣交易。而電子商務貿易的飛速發展大大促進了數字化產品和服務的發展進程。進行跨境電商交易的買賣雙方通過電子郵件和電子商務平臺發送或接收買賣信息，不僅節約了資源而且使信息傳遞和貨物買賣的效率大大提高。

同時，跨境電商突破了以往的實物交易的傳統模式，網絡數據、音像視頻等數字化商品和服務也進一步豐富了商品交易的種類。

1.4.4　隱蔽性

在網絡的世界裡，用戶可根據需要隱蔽自己的真實身分和相關信息。用戶享有的自由遠遠大於所需承擔的責任，更有甚者利用網絡的信息不對稱性逃避責任。事實上，即使在美國這種跨境電商相對成熟的發達國家，利用網絡逃避責任的問題也很突出，尤其是在納稅環節。在跨境電商交易中，交易人的身分及地理位置等信息很難被獲取。相應地，稅務機關就無法對納稅人的交易情況和應納稅額進行核實，這給相關監管和稅務部門的審計和核實環節造成了很大的麻煩。

1.4.5　時效性

傳統交易模式下，信息的發送、接收均受到地理位置的限制，二者間存在著較大的時間差。電子商務打破時空和距離的束縛，將信息迅速地從一方傳遞到另一方，幾乎在一方發送完成的同時另一方就能收取到信息，而某些數字化產品的交易更是可即時完成。加之跨境電商去除了兩個關境批發商、代理商及零售商的仲介環節，實現了直接由一個關境生產商通過跨境電商平臺到達另一個關境消費者的直接交易，減少了繁瑣的貿易手續，更具時效性。

1.4.6　快速演進

跨境電商交易是依託互聯網的網絡設施和相應的軟件協議進行的，而數字化的產品千變萬化，技術也正以前所未有的速度在快速地演進，因此跨境電商的發也具有快速演進的特徵。

1.5 跨境電商的分類

1.5.1 按照交易主體屬性分類

按照交易主體劃分，跨境電商主要涉及了 B2B（企業到企業）的電子商務模式、B2C（企業到個人）的電子商務模式、C2C（個人到個人）的電子商務模式等。

跨境 B2B 模式在整體跨境電商行業中尤為重要，扮演著支柱型產業的角色。且跨境 B2B 平臺的交易規模始終占據著整體跨境電商市場交易規模的 90% 以上。B2B 電子商務是電子商務的一種模式，是 Business-to-Business 的縮寫，商業對商業，或者說是企業間的電子商務。該種模式下，企業與企業之間通過互聯網進行產品、服務及信息的交換。跨境 B2B 是指分屬不同關境的企業通過電商平臺達成交易、進行支付結算，並通過跨境物流送達商品、完成交易的一種國際商業活動。中國具有代表性的 B2B 平臺有阿里巴巴國際站、敦煌網。

B2C 電子商務指的是企業針對消費者個人開展的電子商務活動的總稱，是 Business-to-Consumer 的縮寫。如企業為個人提供在線醫療諮詢、在線商品購買服務等。跨境 B2C 是指企業直接面向其他關境的消費個人開展在線銷售活動和提供服務，通過電商平臺達成交易、進行支付結算，並通過跨境物流送達商品、完成交易的一種國際商業活動。B2C 平臺中具有代表性的有速賣通、京東全球購、網易考拉海購、洋碼頭等。

C2C 即 Customer-to-Customer，C2C 電子商務是個人與個人之間的電子商務。跨境 C2C 是指分屬不同關境的個人賣方對個人買方開展在線銷售活動和提供服務，由個人賣家通過第三方電商平臺發布產品和服務信息，個人買方進行篩選，最終通過電商平臺達成交易、進行支付結算，並通過跨境物流送達商品、完成交易的一種國際商業活動。中國 C2C 平臺中具有代表性的有美麗說、海蜜等。

1.5.2 按照平臺經營商品品類分類

按照跨境電商經營商品的品類進行劃分，可將跨境電商分為垂直型跨境電商與綜合型跨境電商兩類。

垂直型跨境電商專注於某些特定的領域或某種特定的需求，提供該領域或該需求全部的深度信息與服務。綜合型跨境電商是一個與垂直型跨境電商相對應的概念，它不像垂直型跨境電商那樣專注於某些特定的領域或某種特定的需求，所展示和銷售的商品種類繁多，涉及多種行業。

1.5.3 按照開發與營運主體分類

按照跨境電商的開發與營運主體進行劃分，可將跨境電商分為第三方平臺跨境電商（或稱為「平臺型跨境電商」）和自營型跨境電商兩類。

平臺型跨境電商開發和營運第三方電子商務網站，吸引商品賣家入駐平臺，由賣

家負責商品的物流與客服並對買家負責，平臺型跨境電商並不親自參與商品的購買與銷售，只負責提供商品交易的媒介或場所。

　　平臺型跨境電商的主要特徵表現在三個方面：一是跨境電商平臺並不參與商品購買、銷售等相應的交易環節；二是由境外品牌商、製造商、經銷商、網店店主等入駐該跨境電商平臺，從事商品展示、銷售等活動；三是商家雲集，商品種類豐富。平臺型跨境電商的優勢和劣勢均比較鮮明。其優勢包括：商品貨源廣泛而充足；商品種類繁多；平臺規模較大，網站流量較大。其劣勢包括：跨境物流、海關、商檢等環節缺乏自有穩定渠道，服務質量不高；商品質量保障水準較低，容易出現各種類型的商品質量問題，導致消費者信任度偏低。

　　自營型跨境電商是一個與平臺型跨境電商相對應的概念，自營型跨境電商不僅開發和營運電子商務網站，而且自己負責商品的採購、銷售、客服與物流，同時對買家負責。

　　自營型跨境電商的主要特徵表現在兩個方面：一是營運主體開發和營運跨境電商平臺，並作為商品購買主體從海外採購商品與備貨；二是營運主體的業務涉及從商品供應、銷售到售後的整條供應鏈。自營型跨境電商的主要優勢包括：電商平臺與商品都是自營的，營運主體的掌控能力較強；商品質量保障水準高，商家信譽度好，消費者信任度高；貨源較為穩定；跨境物流、海關與商檢等環節資源穩定；跨境支付便捷。自營型跨境電商的主要劣勢包括：整體營運成本高；資源需求多；營運風險高；資金壓力大；商品滯銷、退換貨等問題顯著。

　　此外，還有一種類似自營模式的自建電商。自建電商是指生產製造企業通過電子商務平臺直接針對境外市場消費者進行出口電子商務貿易。目前，越來越多的中小出口製造企業、貿易商自建電商網站，獨立營運，代表企業包括中國本土品牌智能手機及周邊產品的自建電商商戶 Antelife、浙江義烏外貿飾品零售網店 Gofavor、遙控飛機出口網店 Hobby-Wing、充氣遊樂設施貿易公司 Funcity 等。

1.5.4　按照商品流動方向分類

　　跨境電商的商品流動跨越了國家或地區的地理空間範疇。按照商品流動方向，跨境電商可分為跨境進口電商、跨境出口電商兩類。中國跨境電商交易仍以跨境出口為主，其中又以跨境 B2B 出口為主要形式。

第 2 章　中國跨境電商的發展背景和趨勢

2.1　中國跨境電商的產生背景

2.1.1　傳統外貿行業下行壓力大

2008 年的次貸危機波及全球，中國經濟也遭受影響，人民幣匯率在多年被低估之後連續升值的壓力及中國勞動力成本的持續上升，使得中國傳統外貿行業遭受巨大打擊。金融危機下的全球經濟低迷使國際市場需求緊縮，中國很多外貿企業尤其是缺乏競爭力的中小外貿企業紛紛倒閉，中國進出口貿易總額增速明顯下降，不過隨即在政府的一系列救市舉措下，經濟迅速恢復，進出口貿易總額在 2010 年實現了大幅的增長。

2015 年，中國的貿易額相較 2014 年出現了大幅的萎縮，當年進出口貿易總額為 3.95 萬億美元，同比下降 8.1%。其中，出口的金額為 2.27 萬億美元，同比下降了 2.94%；進口的金額為 1.68 萬億美元，同比下降了 14.27%，進出口罕見地出現了「雙降」。但是 2016 年的情況並沒有像 2010 年那樣出現好轉。同口徑下的數據顯示，2016 年中國的進出口貿易總額為 3.68 萬億美元，同比下降 6.84%，出口的金額接近 2.1 萬億美元，同比下降了約 7.49%，進口的金額約 1.59 萬億美元，同比下降了 5.36%，進出口再度出現了「雙降」。2015 年和 2016 年也因此成為中國改革開放以來首次連續兩年進出口雙降的年份。

2.1.2　「互聯網+」行動計劃推動電子商務迅猛發展

「新常態」經濟形勢下，傳統製造業面臨著巨大的生存和發展的壓力，急需尋找新的增長點，培育競爭新優勢。隨著信息時代的到來，外貿的發展也搭上了信息化的列車。2015 年李克強總理在政府工作報告中提出，制訂「互聯網+」行動計劃，推動移動互聯網、雲計算、大數據、物聯網等與現代製造業結合，促進電子商務、工業互聯網和互聯網金融健康發展，引導互聯網企業拓展國際市場。「互聯網+」隨後迅速成為炙手可熱的商業模式，成為眾多危機產業和危機企業的轉型方向。國內電子商務由互聯網與零售業相結合而產生，而跨境電商則由互聯網與外貿行業結合而成。

2.1.3　傳統製造業與跨境電商深度融合

隨著「互聯網+」的不斷深入，傳統製造業與跨境電商深度融合的新業態模式日益成為製造業企業開拓國際市場、樹立國際品牌和形象的重要渠道。跨境電商就其字面意義來理解是指，跨國界或地區的交易主體，通過互聯網平臺來進行貿易的一種商業模式。這種交易通過買方在互聯網平臺完成下單和支付，並依靠跨境物流來完成。受當前國內和國際經濟形勢的影響，傳統製造業企業融資困難，同時，受惡性競爭和行業集中度的影響，國內製造業企業難以走出國門。在國際競爭中，中國諸多企業還僅僅停留在國際代工（OEM）模式上，缺失大宗商品定價權，仍處於「微笑曲線」的中部區域。發展跨境電商，能夠促進中國製造業企業價值鏈顯著提升，降低企業採購和銷售的成本，有利於促進製造業結構升級和轉變發展方式，成為企業走向全球市場的一條「高速公路」。從製造業本身的發展趨勢看，跨境電子商務有利於中國製造業更加高效地與全球消費者對接，建立起自己的行銷渠道，培育自身品牌，使中國製造向「微笑曲線」兩端走。

受國內電子商務競爭白熱化和傳統外貿持續走低的影響，中國各相關企業紛紛在跨境電商領域進行拓展。商務部統計顯示，截至2013年年底，中國各類跨境平臺企業已超過5,000家，通過平臺開展跨境電商業務的外貿企業超過20萬家。在傳統外貿增速放緩的情況下，跨境電商以其新理念、新模式成為促進中國對外貿易發展的新引擎。蓬勃發展的跨境電商無疑為中國製造業企業增強核心競爭力，促進製造業實現轉型升級，實現「中國製造2025」提供了新的機遇。

跨境電商對於中國傳統製造業企業來說是機遇也是挑戰。一方面製造業跨境電商得到了國家在戰略、政策上的大力支持；另一方面傳統模式的中國製造走出去，面臨的不僅僅是信任、物流、文化等方面的考驗，更大的考驗來自如何將中國製造轉化為中國品牌。同時，製造業跨境電商企業還面臨著企業內部資源優化配置、業務流程重組及外部跨境電商資源短缺的困擾。傳統製造業企業發展跨境電子商務是自身轉變業務模式、實現產業升級的重大契機，雖然發展過程中會遇到很多內外部的困難，但是只要傳統製造業企業認清電子商務的發展方向，確立專業化、品牌化和垂直化的發展目標，定能在跨境電商中闖出一番天地。

2.2　中國跨境電商的發展歷程

2.2.1　中國跨境電商發展的三個階段

1999年阿里巴巴實現用互聯網連接中國供應商與海外買家後，中國對外出口貿易就實現了互聯網化。在此之後，中國跨境電商的發展共經歷了三個階段，實現從信息服務，到在線交易、全產業鏈服務的跨境電商產業轉型。

2.2.1.1 跨境電商 1.0 階段（1999—2003 年）

跨境電商 1.0 階段的主要商業模式是網上展示、線下交易的外貿信息服務模式。跨境電商 1.0 階段，第三方平臺主要的功能是為企業信息以及產品提供網絡展示平臺，並不在網絡上涉及任何交易環節。此時的盈利模式主要是通過向進行信息展示的企業收取會員費（如年服務費）。在跨境電商 1.0 階段，也逐漸衍生出競價推廣、諮詢服務等為供應商提供一條龍的信息流增值服務。

阿里巴巴國際站平臺以及環球資源網為跨境電商 1.0 階段中的典型代表平臺。其中，阿里巴巴成立於 1999 年，以網絡信息服務為主，線下會議交易為輔，是中國最大的外貿信息黃頁平臺之一。環球資源網於 1971 年成立，前身為 Asian Source，是亞洲較早的貿易市場資訊提供者，並於 2000 年 4 月 28 日在納斯達克證券交易所上市。

在跨境電商 1.0 階段，第三方平臺雖然通過互聯網解決了中國貿易信息面向世界買家的難題，但是依然無法完成在線交易，對於外貿電商產業鏈的整合僅完成信息流整合環節。

2.2.1.2 跨境電商 2.0 階段（2004—2012 年）

2004 年，隨著敦煌網的上線，跨境電商 2.0 階段來臨。在這個階段，跨境電商平臺開始擺脫純信息黃頁的展示行為，將線下交易、支付、物流等流程實現電子化，逐步實現在線交易。

跨境電商 2.0 更能體現電子商務的本質，即借助於電子商務平臺，通過服務、資源整合有效打通上下游供應鏈。這一階段的跨境電商包括 B2B（平臺對企業小額交易）平臺模式、B2C（平臺對用戶）平臺模式兩種模式。跨境電商 2.0 階段，B2B 平臺模式為跨境電商主流模式，通過直接對接中小企業商戶實現產業鏈的進一步縮短，提升商品銷售利潤空間。2011 年，敦煌網宣布實現盈利，2012 年持續盈利。

在跨境電商 2.0 階段，第三方平臺實現了營收的多元化，同時實現後向收費模式，將「會員收費」改以收取交易佣金為主，即按成交效果來收取百分點佣金，同時還通過平臺上行銷推廣、支付服務、物流服務等獲得增值收益。

2.2.1.3 跨境電商 3.0 階段（2013 年至今）

2013 年成為跨境電商重要轉型年，跨境電商全產業鏈都出現了商業模式的變化。隨著跨境電商的轉型，跨境電商 3.0 大時代隨之到來。

跨境電商 3.0 階段具有大型工廠上線、B 類買家成規模、中大額訂單比例提升、大型服務商加入和移動用戶量爆發五方面特徵。與此同時，跨境電商 3.0 服務全面升級，平臺承載能力更強，全產業鏈服務在線化也是 3.0 時代的重要特徵。

在跨境電商 3.0 階段，用戶群體由草根創業公司向工廠、外貿公司轉變，且具有極強的生產、設計、管理能力。平臺銷售產品由二手貨源向一手貨源好產品轉變。

這一階段的主要賣家群體正處於從傳統外貿業務向跨境電商業務艱難轉型期，生產模式由大生產線向柔性製造轉變，對代營運和產業鏈配套服務需求較高。同時，3.0 階段的主要平臺模式也向 M2B 模式轉變，批發商買家的中大額訂單成為平臺主要訂單。

跨境電商行業可以快速發展到 3.0 階段，主要有三個方面的原因。

第一，中央及各地政府高度重視。在中央及各地政府的大力推動下，跨境電商行業的規範及優惠政策也相繼出抬。如《關於跨境貿易電子商務進出境貨物、物品有關監管事宜的公告》《關於進一步促進電子商務健康快速發展有關工作的通知》《關於促進電子商務健康快速發展有關工作的通知》《關於開展國家電子商務示範城市創建工作的指導意見》等多項與跨境電商相關政策的出抬，在規範跨境電商行業市場的同時，也讓跨境電商企業開展跨境電商業務得到了保障。

第二，在海外市場，B2B 在線採購已占據半壁江山。2013 年，埃森哲的調研發現，在採購商方面，50%的美國企業會把它一半的採購貿易放在互聯網上來進行。其中，59%的採購商以在線採購為主，27%的採購商月平均在線採購 5,000 美元，50%的供貨商努力讓買家從線下轉移到線上，以提升利潤和競爭力。

第三，移動電商的快速發展也促成了跨境電商 3.0 階段的快速到來。2013 年，智能手機用戶占全球人口的 22%，首次超過個人電腦用戶比例。移動電商的快速發展得益於大屏智能手機和 Wi-Fi 網絡環境的改善使用戶的移動購物體驗獲得較大優化，用戶的移動購物習慣逐漸形成。同時，電商企業在移動端的積極推廣和價格戰促銷等活動都進一步促進移動購物市場交易規模大幅增長。方便、快捷的移動跨境電商也為傳統規模型外貿企業帶來了新的商機。

2.2.2　中國跨境電商的政策利好

2014 年 7 月，《關於跨境貿易電子商務進出境貨物、物品有關監管事宜的公告》和《關於增列海關監管方式代碼的公告》，即大眾熟悉的 56 號和 57 號文件由海關總署先後發布，從政策層面認可了行業內部通行的保稅模式。此舉被認為明確了對跨境電商的監管框架。這兩個文件涉及海關、商檢、物流、支付等環節，刺激了跨境電商的發展，跨境電商的形式也不再拘泥於海淘與個人代購，逐漸實現了規模化、企業化。

2015 年 4 月，國務院出抬的降低進口產品關稅的稅制改革及恢復增設口岸免稅店的相關舉措，表明了政府促進消費回流的決心。2015 年 6 月，為引導外貿企業正確利用電商開展業務，國務院印發了《關於促進跨境電子商務快速健康發展的指導意見》，進一步完善跨境電商進出口貨物管理模式，優化海關出入境清關工作流程，有利於建立一體化服務平臺，提高跨境貿易各環節的效率。2015 年 11 月 30 日，韓國國會批准了《中韓自貿協定》，同年 12 月 20 日這份協定正式生效，這促進了中韓兩國實現部分進出口商品零關稅。

2016 年 4 月 7 日，海關總署發布了 2016 年第 26 號文，即《關於跨境電子商務零售進出口商品有關監管事宜的公告》。公告從適用範圍、企業管理、通關管理、稅收徵管、物流監控、退貨管理、其他事項共計 7 個大項 21 條小項對跨境電子商務做出明文規定。該公告自 2016 年 4 月 8 日起施行，同時廢止海關總署 2014 年第 56 號文。

2016 年 10 月 1 日，人民幣作為除英鎊、歐元、日元和美元之外的第五種貨幣加入特別提款權貨幣籃。這意味著人民幣已成為全球主要儲備貨幣。人民幣成為全球主要儲備貨幣，使跨境結算更加便利。除此以外，中國政府還在杭州等地設立跨境電商區

域性試驗基地，探究跨境電商的發展模式與對策，取得了一系列寶貴的經驗。這些都是相當明顯的政策紅利信號。

2.2.3 跨境零售業的高速發展

在政策利好的大環境下，國內外電商瞄準中國百姓對海外產品的巨大需求，紛紛斥巨資投入跨境零售業務。諸如亞馬遜以及國內的天貓國際、洋碼頭等，都開始加入對這一市場的爭奪。這些平臺不僅提供進口業務，也提供出口業務。以天貓為例，天貓在跨境這方面通過和自貿區的合作，在各地保稅物流中心建立了各自的跨境物流倉。據中國跨境電商網監測顯示，2014年「雙11」，天貓國際一半以上的國際商品是以保稅模式進入國內消費者手中，是跨境的一次重要嘗試。具體而言，就是貨品從海外進入，免稅存放保稅倉，消費者下單後，產品直接從保稅倉發出，商家不用單獨向消費者終端發貨，而是可以批量運輸，從而節約人力、物流等成本。最重要的是，以保稅模式進入倉庫的貨物，可以個人物品清關，無須再繳納增值稅，並且節省了大量的等待時間。

2014年4月，中國海關總署出抬新政規定，所有境外快遞企業必須使用EMS清關派送包裹，不得按照進境郵遞物品辦理手續。這就意味著代購人通過第三方海外轉運公司進行托運的包裹，很多須按照貿易貨物通關，需要補繳稅款，這使得代購商品的價格優勢大受影響。此外，新政還對進境物品完稅價格進行了調整，化妝品完稅價格上漲，電子產品下調。而完稅價格越高，需要交納的稅費就越高。由此可見，政府對海外代購的監管力度在日益加強。今後，代購產品避稅的難度將大大提高，其價格優勢將逐漸消減。在日趨規範化的大環境下，代購產業亟須轉型以求進一步的發展。

2017年8月1日，互聯網+智庫中國電子商務研究中心發布了《2016—2017年度中國跨境進口電商發展報告》。報告重點調查、跟蹤了天貓國際、京東全球購、淘寶全球購、國美海外購、蘇寧易購海外購、唯品國際、亞馬遜海外購、1號店全球進口、中糧我買網全球購、拼多多全球購、美圖媽媽大電商平臺下的跨境進口電商部分，同時也調研、跟蹤了網易考拉海購、小紅書、聚美優品、洋碼頭、蜜芽、寶貝格子、達令、豐趣海淘、雲猴網、冰帆海淘等獨立營運的跨境進口電商平臺。報告顯示，2016年，中國跨境進口電商交易規模為12,000億元，這意味著中國跨境進口電商交易規模首度跨入「萬億時代」。中國電子商務研究中心主任曹磊據此指出，2013年後，跨境進口電商平臺逐漸出現，跨境網購用戶也逐年增加，中國跨境進口電商市場規模增速迅猛；2015年，由於進口稅收政策的規範以及部分進口商品關稅的降低，跨境進口電商爆發式增長。2016年，跨境進口電商在激烈競爭中不斷提升用戶體驗，不斷擴展平臺商品種類，完善售後服務，未來中國跨境進口電商市場的交易額會繼續以增長的趨勢向前發展。同時，隨著國家政策對跨境進口電商的不斷支持，跨境進口電商會變得越來越普及。報告還披露了2016年中國跨境進口電商平臺市場份額排名數據。2016年，在主流的跨境進口電商平臺中，按整體交易額計算，網易考拉海購排名第1，占21.4%的份額；天貓國際名列第2，占17.7%的份額；唯品國際位於第3，占16.1%的份額；排名第4的是京東全球購，市場占比15.2%；排名第5的是聚美極速免稅店，占13.6%的

份額；排名第6、第7的平臺依次是小紅書和洋碼頭，分別占6.4%以及5.3%的份額；其他的跨境進口電商平臺（包括寶貝格子、蜜芽、寶寶樹等）占總市場份額的4.3%。中國電子商務研究中心網絡零售部助理分析師余思敏認為，中國跨境進口電商平臺在行業洗牌下，漸漸顯示出不同層次的陣營，大致可以劃分為3個梯隊。第1梯隊為網易考拉海購、天貓國際、唯品國際以及京東全球購，占整個市場70.4%的份額；第2梯隊為聚美極速免稅店、小紅書以及洋碼頭；第3梯隊為寶貝格子、蜜芽、寶寶樹等平臺。可以看出，位於第1梯隊的都是相對規模較大的平臺旗下的跨境進口電商，「寡頭效應」初步顯現；第2梯隊是一些綜合性的電商平臺；而第3梯隊的大多是母嬰類產品平臺。

2.3　中國中小外貿企業開展跨境電商業務的必要性

2.3.1　跨境電商有助於中國中小外貿企業拓展貿易市場

一直以來，中國中小外貿企業由於資金、技術、發展規模等因素的限制，普遍面臨市場規模較小、銷售渠道窄的問題，在市場競爭中處於劣勢地位。而跨境電商是一種無邊界交易，同時具有全球性和及時性的特點，能有效地推動貿易自由化的發展。這就意味著不同於傳統商圈，跨境電商能打破傳統貿易中由時間、地理因素導致的信息傳遞渠道的限制，也可以在一定程度上消除價格及渠道壟斷的貿易壁壘，通過互聯網絡構建不同國家和地區產品信息集聚的平臺，突破傳統意義上貿易渠道的限制，使中國中小外貿企業可將生產的產品直接面向整個國際市場，並能夠直觀高效地完成對產品和服務的展示與行銷活動。由此可見，跨境電商可以使中國的產品直接抵達全球消費者，十分有助於中國中小外貿企業擴大銷售渠道，拓展貿易市場。

2.3.2　跨境電商有助於中國中小外貿企業降低營運成本

跨境電商有助於中國中小外貿企業降低各方營運成本，增加利潤率。2008年金融危機之後，出於對資金風險的規避，國外進口商不再傾向於長期採購、大額交易的貿易模式，取而代之的是採用多批次採買且每次採購數量較小的彈性碎片化採購模式。在此背景下，中國中小外貿企業的生產模式也逐漸向彈性化靠攏。一方面，彈性化的生產銷售方式可實現資金的快速回流；另一方面，彈性化生產方式有助於減輕中國中小外貿企業庫存壓力，使其在產品的運輸、儲存、人工等各方面降低成本，獲得更多利潤。

跨境電子商務與傳統國際貿易方式相比，有著不同的貿易主體，在很大程度上改變了中國對外貿易的貿易鏈。傳統外貿流程中，供應鏈各個環節獨立經營、自主核算，再加上信息的不完全性，導致大部分利潤分散在供應鏈的各個環節。而隨著跨境電商的發展，原來在貿易商、批發商等環節被擠壓的成本很大程度上被轉移出來成為中小外貿企業的利潤，從經濟學的角度看，這也是一種成本的降低。

2.3.3 跨境電商有助於中國中小外貿企業轉型升級

隨著國家「互聯網+」行動計劃的實施，跨境電商作為一種新的對外貿易模式得到不斷的發展。這種對外貿易模式縮短了產品從工廠到國外消費者的距離，重塑了價值鏈，促使中小外貿企業從多個角度不斷進行轉型升級。

第一，促使中小外貿企業生產方式向彈性化轉型。跨境電商這種新型對外貿易模式的特點在於更適應多批次小額訂單為主的交易方式。現階段，中國出口型中小外貿企業面對的市場是富有彈性的，彈性的目標市場就代表消費需求的多樣化和市場規律的變動化，因此中小外貿企業原有的大批量模板化生產方式需要做出調整改變。而中小外貿企業的生產規模相對較小，經營和決策權往往集中在少數人手中，改變原有生產模式的成本較低，所以為了規避庫存風險，追求更多的利潤，中小外貿企業傾向於跟隨跨境電商發展的趨勢，滿足消費者需求的多樣化，逐步將生產方式向彈性化轉變。這樣一來可以減少中小外貿企業庫存產品所需的存儲成本，二來使資金的流轉速度得到更快的提升。

第二，促使中小外貿企業產品向生產定制化轉型。隨著跨境電子商務的發展和消費者自我需求理念的迴歸，產品的「個性化」「獨特性」和「訂制性」逐漸成為新的發展趨勢。與此同時，不同於大型的生產企業，中國中小外貿企業更普遍性地受到資金、技術、人才等各方面的制約，往往只生產某一特定類型的產品，通過不斷提升產品質量來獲得市場認可。跨境電商能夠利用信息技術的多渠道與客戶進行充分溝通，瞭解客戶的消費偏好和消費趨勢，根據客戶對產品的獨特需求進行產品設計與生產。這就為中國中小外貿企業通過互聯網發掘消費者的特定需求，發揮工匠精神，生產小而美的定制化商品提供了發育的土壤，促使更多的中小外貿企業向產品生產定制化不斷轉型升級。

第三，促進中國中小外貿企業產業結構轉型升級。目前中國的中小外貿企業大部分進行以加工貿易等為主的一般商品貿易，位於「微笑曲線」的製造環節，盈利空間比較低。而跨境電商的出現，使中國中小外貿企業可以直接面向國外消費者，瞭解消費者的特性需求並對其進行跟蹤服務，這在無形中就使中小外貿企業的位置移動到「微笑曲線」的後端。與此同時，在企業不斷增強對需求特徵的把握能力時，就能提前感知消費市場對某種產品的需求，從而進行設計與研發，拓展了「微笑曲線」的前端，通過創新獲取新的利潤模式，這就改變了產業鏈的結構。

2.4 中國發展跨境電商的意義

2.4.1 打造新的經濟增長點

跨境電商是互聯網時代的產物，是「互聯網+外貿」的具體體現，必將成為新的經濟增長熱點。由於信息技術的快速發展，規模不再是外貿的決定性因素，多批次、小

批量外貿訂單需求正逐漸代替傳統外貿大額交易，為促進外貿穩定和便利化注入了新的動力。隨著相關政策性紅利的不斷釋放，在移動互聯網、智能物流等相關技術快速發展的背景下，圍繞跨境電商產業將誕生新的龐大經濟鏈，帶動國內產業轉型升級，並催生出一系列新的經濟增長點。

2.4.2　提升中國對外開放水準

跨境電商是全球化時代的產物，是在世界市場範圍內配置資源的重要載體，發展跨境電商必將提升中國全方位對外開放水準。跨境電商平臺進一步破除全球大市場障礙，推動無國界商業流通。對企業而言，跨境電商加快了各國（地區）企業的全球化營運進程，有助於企業樹立全球化的品牌定位，形成數字化的銷售網絡。這大大降低了生產者與全球消費者的交易成本，企業可以直接與全球供應商和消費者互動交易，特別是降低了廣大中小企業「零距離」加入全球大市場的成本，更多企業享受到全球化紅利，有助於推動更加平等和普惠的全球貿易。

2.4.3　提升國內消費者福利水準

跨境電商是消費時代的產物，回應了國內消費人群追求更高質量生活的需求，必將提升消費者福利水準。跨境電商進口以扁平化的線上交易模式減少了多個中間環節，使得海外產品的價格下降。海外產品提供商直接面對國內消費者，能夠提供更多符合消費者偏好的商品。

2.5　中國跨境電商的發展趨勢

受到科技水準和經濟發展水準的影響，與西方發達國家相比較，中國的電子商務領域仍舊處於不斷完善、不斷優化的發展階段。20 世紀 90 年代，此時電子商務在中國還處在萌芽時期，綜合多種數據顯示，當時中國的電子市場交易額最高的一年的交易額才 5,500 萬元。但是，自步入 21 世紀，中國的電子商務發展態勢呈繁盛狀態，2000 年，中國的電子市場交易額甚至高達 772 億元；2005 年，當時間延續了 5 年之後，中國的電子市場交易額達到 7,400 億元。2016 年中國電子商務的市場交易額是 1995 年的幾十萬倍，即便現在貨幣的購買力及實際價值不如 20 世紀末，這仍然是一個極其驚人的增速。

跨境電商未來的發展方向必然是有利於降低交易成本、促進全球貿易便利化，有利於提升國內居民福祉，有利於促進經濟長期健康發展的。具體來說，中國跨境電商的趨勢包括 6 個方面。

2.5.1　仍將繼續保持高速增長

近些年，借助互聯網的不斷普及和快速發展，越來越多的商家選擇通過跨境電商平臺進行貿易，跨境電商交易規模不斷增加。2018 年 2 月 6 日，艾媒諮詢權威發布

《2017—2018中國跨境電商市場研究報告》。數據顯示，2017年跨境電商整體交易規模達7.6萬億元，增速可觀。

從出口看，跨境電商出口賣家正在從廣東、江蘇、浙江向中西部拓展，正在由「3C」產品（計算機、通信、消費類電子產品）等低毛利率標準品向服裝、戶外用品、健康美容、家居園藝和汽配等新品類擴展，這將為中國出口電商發展提供新的空間。

從進口看，隨著如巴西、俄羅斯等新興市場的不斷加入，以及互聯網技術不斷普及、基礎設施不斷完善、政策不斷放開，中國進口電商的空間將進一步拓展。

研究表明，隨著國際人均購買力不斷增強、網絡普及率提升、物流水準進步、網絡支付改善，未來幾年中國跨境電商仍將保持30%的複合年均增長率。

2.5.2　B2C模式將迅速發展

跨境電商貿易模式分為企業對企業（即B2B）和企業對消費者（即B2C）兩種。從圖2-1中可以看出，2010—2017年，跨境電商中居主導地位、占絕對優勢的仍是B2B模式，而零售占比較低。

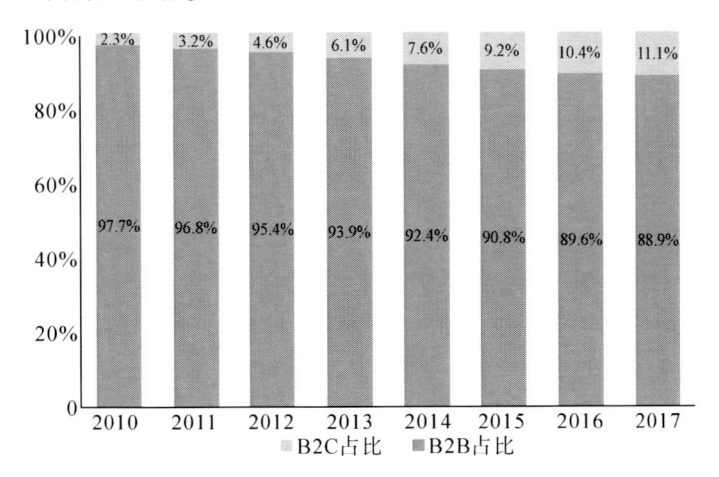

年份	B2C占比	B2B占比
2010	2.3%	97.7%
2011	3.2%	96.8%
2012	4.6%	95.4%
2013	6.1%	93.9%
2014	7.6%	92.4%
2015	9.2%	90.8%
2016	10.4%	89.6%
2017	11.1%	88.9%

圖2-1　2010—2017年中國跨境電商貿易模式結構圖

數據來源：國家統計局、艾瑞諮詢。

但中國B2C貿易模式的發展前景非常樂觀。全球跨境電商B2C市場的規模不斷擴大是重要的背景因素。埃森哲預計，2020年，全球跨境電商B2C規模將達到1萬億美元，年均增長高達27%；全球跨境B2C電商消費者總數也將超過9億人，年均增幅超過21%。考慮到擁有超過2億跨境B2C電商消費者，中國將成為全球最大的跨境B2C電商消費市場。

2.5.3　出口占主導，進口增長極快

中國的跨境電商進出口結構中，出口一直占據絕對優勢。據圖2-2顯示，進口份額在整個跨境電商結構中所占比例逐年提升。

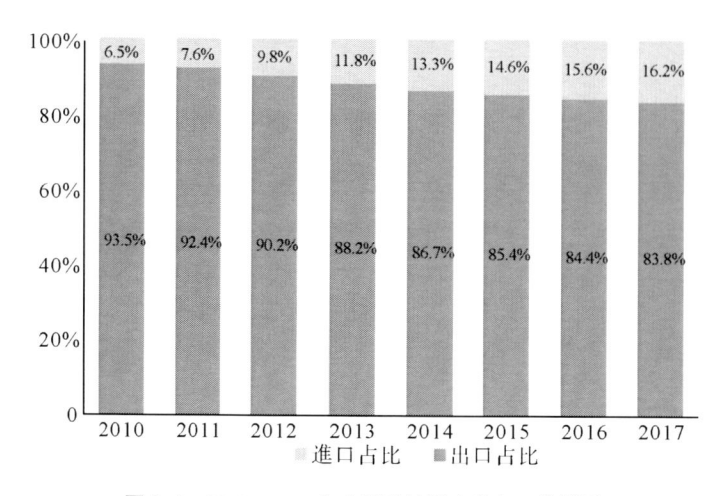

圖 2-2　2010—2017 年中國跨境電商進出口結構圖

數據來源：國家統計局、艾瑞諮詢。

2016 年，中國跨境電商中出口占比為 84.4%；2017 年，中國跨境電商中出口占比為 83.8%。考慮到中國作為世界工廠的地位在未來一段時間內不會動搖，預計出口電商仍將保持在高占比。隨著中國進出口稅收體系的進一步理順和進口物流配套的持續升級，進口電商將成為跨境電商的重要增長點。

2.5.4　陽光化將是大勢所趨

目前，中國海關對郵包的綜合抽查率較低，難以對每個郵包進行拆包查驗貨值和商品種類，大量的海淘快件郵包實際上未被徵稅，直接導致中國跨境電商還存在不符合條件商品利用政策漏洞的灰色通關現象。隨著中國跨境電商規模的擴大，開正門、堵偏門，將灰色清關物品納入法定行郵監管的必要性不斷增強。跨境電商陽光化有助於保障正品銷售、降低物流成本、完善售後制度，是未來跨境電商發展的必然方向。

2.5.5　保稅模式潛力巨大

保稅模式是商家通過大數據分析，將可能熱賣的商品通過海運等物流方式提前進口到保稅區，境內消費者通過網絡下單後，商家直接從保稅區發貨，更類似於 B2B2C（供應商對企業，企業對消費者）。相比於散、小、慢的國際直郵方式，保稅模式由於為集中進口，可採用海運等物流方式，物流成本更低。同時，商家從保稅區發貨的物流速度較快，幾乎與境內網購無差別，從而可縮短消費者的等待時間，使其有更好的網購體驗。

從監管角度講，保稅模式也有利於提高稅收監管的便利性。雖然保稅模式會對商家的資金實力提出更高的要求，但目前來看保稅模式是最為適合跨境電商發展的集貨模式，也是國內電商平臺選用的主要模式。同時也要看到，通過保稅模式進入倉庫的貨物能以個人物品清關，無須繳納傳統進口貿易 16% 的增值稅，可能會對傳統進口貿

易帶來衝擊，監管部門也正在完善相應的監管政策。

2.5.6 「自營+平臺」類是主流

保障正品、有價格優勢、物流體驗好、售後完善將是跨境電商企業的核心競爭領域。跨境電商平臺類企業的綜合競爭力主要體現在產品豐富等方面，其不參與交易，只是為平臺上的買賣雙方提供交易機會。

而自營類企業需要先採購海外商品，這對企業的資金實力和選擇商品的水準都提出了更高的要求。自營類企業的綜合競爭力主要體現在正品保障、售後服務回應迅速等方面。對於母嬰用品、3C、服飾等標準化、易於運輸的重點消費產品，如果自營類企業能夠把握市場熱點，就能在細分市場中形成較強的競爭力。綜合考慮，下一階段跨境電商企業的發展方向應是「自營+平臺」，以融合產品豐富、正品保障等多項優勢。

第 3 章　跨境電商平臺介紹

3.1　亞馬遜

　　亞馬遜公司（Amazon）是美國最大的一家網絡電子商務公司，位於華盛頓州的西雅圖，是網絡上最早開始經營電子商務的公司之一。提起亞馬遜，很多人立馬聯想到「網上書店」，的確，在 1995 年，它由杰夫·貝佐斯成立，一開始叫 Cadabra，性質是網絡書店。然而具有遠見的貝佐斯看到了網絡的潛力和特色：當實體的大型書店提供 20 萬本書時，網絡書店能夠提供比 20 萬本書更多的選擇給讀者。貝佐斯認為和實體店相比，網絡零售很重要的一個優勢在於能給消費者提供更為豐富的商品選擇。因此，擴充網站品類，打造綜合電商以形成規模效益成為亞馬遜的戰略考慮。1997 年 5 月，亞馬遜上市，尚未完全在圖書網絡零售市場中樹立絕對優勢地位的亞馬遜就開始佈局商品品類擴張。1995 年 7 月，貝佐斯將 Cadabra 以地球上孕育最多種生物的亞馬遜河重新命名。一開始，亞馬遜只經營網絡的書籍銷售業務，現在則擴展到相當廣的範圍。亞馬遜及其他銷售商為客戶提供數百萬種獨特的全新、翻新及二手商品，如圖書、影視、音樂和游戲、數碼下載、電子產品和電腦、家居園藝用品、玩具、嬰幼兒用品、食品、服飾、鞋類和珠寶、健康和個人護理用品、體育及戶外用品、玩具、汽車及工業產品等。1998 年 6 月，亞馬遜的音樂商店正式上線。此後，通過品類擴張和國際擴張，到 2000 年的時候亞馬遜的宣傳口號已經改為「最大的網絡零售商」。2004 年 8 月亞馬遜全資收購卓越網，使亞馬遜全球領先的網上零售專長與卓越網深厚的中國市場經驗相結合，進一步提升客戶體驗，並促進中國電子商務的成長。2017 年 2 月，Brand Finance 發布 2017 年度全球 500 強品牌榜單，亞馬遜排名第三。在 2017 年 6 月 7 日發布的 2017 年《財富》美國 500 強排行榜中，亞馬遜排名第十二。圖 3-1 為亞馬遜網站主頁。

3.1.1　盈利模式

　　亞馬遜平臺有自營和開放兩種體系。自營體系下商品的營業收入是平臺主要的盈利來源。開放體系下入駐亞馬遜平臺的商家需要繳納一定的平臺費用和物流倉儲費用，作為平臺盈利的補充。亞馬遜有獨立的倉儲和物流配送系統，大大提高了物流服務質量。

　　亞馬遜在財務管理上不遺餘力地削減成本：減少各項開支、裁減人員；使用先進便捷的訂單處理系統降低錯誤率，整合送貨和節約庫存成本。亞馬遜通過降低物流成

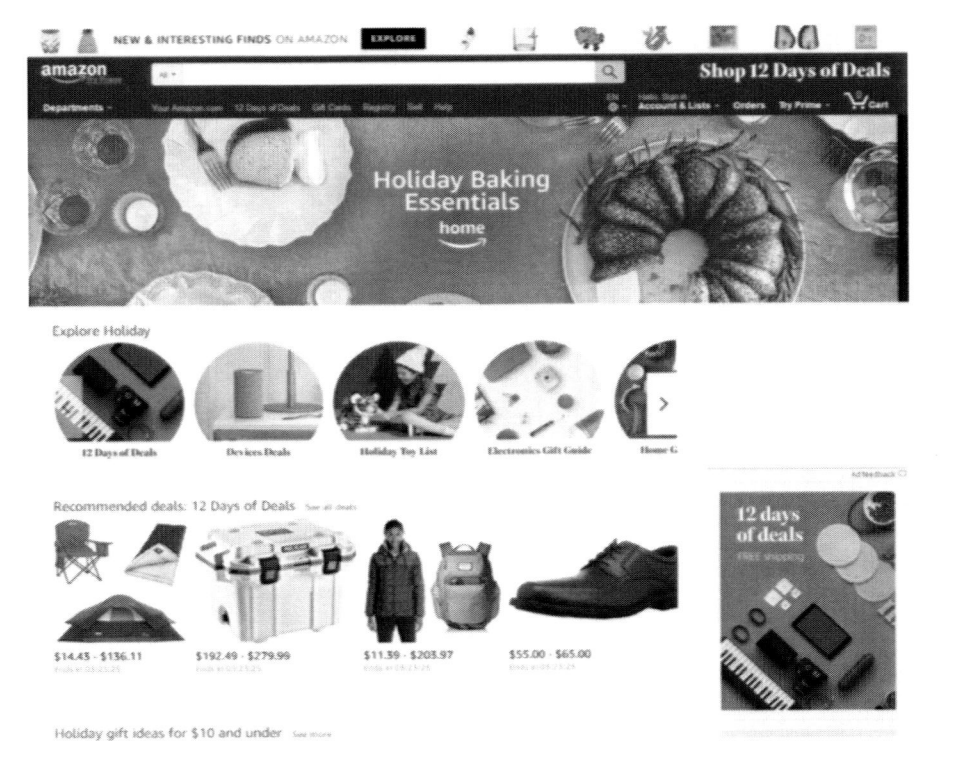

圖 3-1　亞馬遜網站主頁

本來獲得更大的銷售收益，再將之回饋於消費者，以此來爭取更多的顧客，形成有效的良性循環。當然這對亞馬遜的成本控制能力和物流系統都提出了很高的要求。

此外，亞馬遜在節流的同時也積極尋找新的利潤增長點，比如為其他商戶在網上出售新舊商品和與眾多商家合作，向亞馬遜的客戶出售這些商家的品牌產品，從中收取佣金。

3.1.2　物流配送模式

亞馬遜開展跨境電商服務時，一般採用海外直郵和海外購的方式，幫助消費者簡化了海淘的流程，讓消費者能夠以本地化的商品購買和支付方式進行消費。同時，亞馬遜幫助消費者解決了商品清關的問題，在商品跨境運輸時，亞馬遜採用「多退少不補」的政策預先代付關稅。高效的物流配送服務，保證了眾多國家的亞馬遜平臺的消費者極高的體驗。亞馬遜中國採用「進口直採」的選品保障方式，通過本地備貨為消費者提供充足的貨源，並通過完善物流自提點，滿足了消費者自身的實際需求，構建了靈活的配送選擇方案。

3.1.3　品牌推廣體系

亞馬遜和國外知名品牌商之間構建了穩定的合作關係。亞馬遜中國能夠向國內消

費者提供高質量的產品，同時亞馬遜「海外購」商店的商品基本採用亞馬遜美國網店，具有品質保障。亞馬遜在品牌合作上，延伸了美國商品品牌的維護體系，保障了中國消費者的利益。

亞馬遜專門設置了一個 gift（禮物）頁面，為大人和小孩都準備了各式各樣的禮物。這實際上是價值活動中促銷策略的營業推廣活動。它通過向各個年齡層的顧客提供購物券或者精美小禮品的方法吸引顧客長期購買對應商店的商品。亞馬遜還為長期購買其商品的顧客給予優惠，這也是一種營業推廣的措施，也屬於一種公共關係活動。

3.1.4　資金支付體系

消費者在亞馬遜平臺購物時可選擇的支付方式包括信用卡和借記卡。亞馬遜支持 VISA、Master Card、Discover Card、JCB、中國銀聯等。對於國際市場的消費者而言，VISA、Master Card 信用卡適用程度更高。

3.2　ebay

ebay 於 1995 年 9 月 4 日由皮埃爾·奧米迪亞創立於加利福尼亞州聖荷西。人們可以在 ebay 上通過網絡出售商品。2014 年 2 月 20 日，ebay 宣布收購 3D 虛擬試衣公司 PhiSix。2017 年 6 月 6 日，《2017 年 BrandZ 最具價值全球品牌 100 強》公布，ebay 名列第 86 位。圖 3-2 為 ebay 網站主頁。

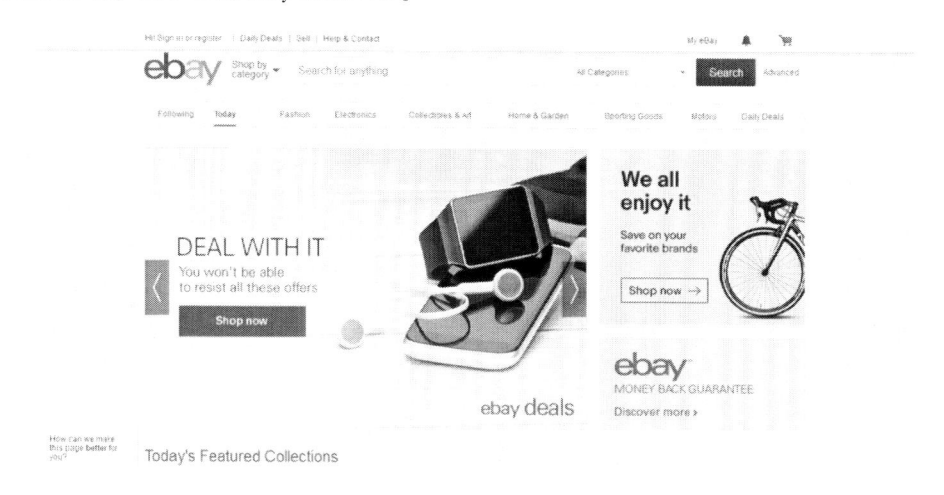

圖 3-2　ebay 網站主頁

3.2.1　盈利模式

ebay 實現了歐美發達消費市場和新興經濟體市場的全覆蓋，並為中國出口企業、商家提供出口電商網上零售服務。中國賣家通過 ebay 推廣策略打造自有品牌，提升品

牌在世界的認可度。同時 ebay 幫助買賣雙方削減中間環節，創造價格優勢，降低營運成本。ebay 對入駐其平臺的進行跨境電商貿易的商家收取兩項費用：一項是刊登費(費用為 0.25~800 美元)，即商家在 ebay 上刊登物品所收取的費用；另一項是成交費(成交價的 7%~13%)，即當商家的物品成功售出時 ebay 會收取一定比例的成交費和佣金。

高效的規模效應意味著交易額度的增加，而其中的交易費用就是 ebay 的盈利模式所在。此外，由於 ebay 另外擁有 PayPal，所以 ebay 也從此處產生利益。ebay 和 PayPal 分別類似於國內的淘寶和支付寶，一個用於開店，一個用於收付款。

3.2.2 物流模式

ebay 物流除國內業務外，還有大量國際業務。ebay 自身沒有物流公司，而是採取物流聯盟的方式，依託自身購物平臺的信息資源，尋求與外部物流公司的合作。為 ebay 提供物流服務的企業有美國郵政、FedEx (聯邦快遞)、UPS (聯合包裹服務公司)、DHL (中外運敦豪) 等，它們多為國際知名物流公司。

在美國，在 ebay 網站出售商品的美國公司一般都通過美國郵政和 UPS 發貨。這兩家物流公司提供的優惠和服務主要有：提供折扣運費、免費上門取件、跟蹤和發貨確認。ebay 已經實現和第三方物流信息平臺的整合，實現物流的網上發貨、跟蹤和確認，並且能夠自動計算運費。隨著公司海外業務日益增多，2000 年，ebay 與諸如 UPS 以及 FedEx 等快遞服務公司開展商務合作。2009 年，ebay 公司與 DHL 建立合作關係。DHL 有著覆蓋全球 220 個國家和地區的廣泛網絡的優勢。

由於 ebay 選擇的第三方物流一般是國際知名的物流公司，其網絡覆蓋面廣，服務質量好，送貨速度快，因此 ebay 給賣家提供的物流服務效率更高，服務更專業化。

3.2.3 交易評價體系

ebay 公司推行的交易評價體系，得到了許多跨境電商的認同並成為它們的模板。這一評價體系主要用來防止貿易詐騙。在訂單交易完成後，賣家與買家之間可以互相評價，並為交易提出意見或建議。但是該體系也有不足的地方：第一，無論交易額度是多少，只能評價一次；第二，很多用戶會出於多方面的原因不敢作出負面評價。對此，在接收到負面評價時，賣家可以針對評價作出 80 字符左右的辯駁。

3.3 速賣通

速賣通是阿里巴巴集團旗下的 B2C 公司，於 2010 年正式上線運行。速賣通最初的定位是幫助國外消費者連接國內中小企業和商品批發商，從而解決小額對外貿易交易問題，為消費者和企業提供更為便捷的服務。目前，全球速賣通是國內最大的跨境電商企業平臺，從買家數量到實際業務訂單的形成，均具有極大的市場空間，其中不乏大量的傳統貿易市場和新興市場。

速賣通通過戰略合作，建立了大流量入口，平臺商家商品交易量增長較快。伴隨著速賣通的快速發展，更多的個人消費者通過速賣通平臺進行產品的採購，批發買家被個人消費者所取代。為了提升平臺的服務質量，速賣通逐步擴展商品種類，同時更多的天貓賣家也逐步申請速賣通店鋪，將產品銷往海內外。為了滿足平臺消費者的需求，速賣通不斷升級轉型，在俄羅斯和印度等新興市場有著較大的市場份額。目前，平臺有超過28類大產品品類，在產品物流上主要採用國際快遞。速賣通平臺的主營產品為服裝衣帽、3C電子產品及配件和玩具等；同時，速賣通遵守各個國家（地區）的產品交易規範，被嚴禁交易的產品均不在其平臺服務產品之列。此外，考慮到跨國運輸距離和時間的限制，速賣通平臺建設了海外倉儲中心，解決了貨物缺損等問題。圖3-3為速賣通網站主頁。

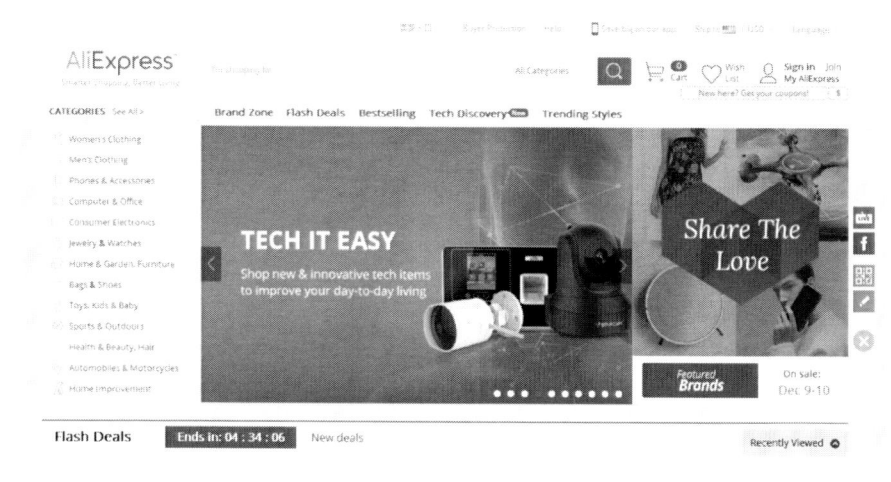

圖 3-3　速賣通網站主頁

3.3.1　產品策略

為了提升全球產品供應的質量，速賣通對線上產品重點把控。當前，速賣通平臺主要的商家大部分來自深圳、廣州、義烏等地。速賣通嚴格審核線上商家開店的資質，並嚴格把控線上產品的質量，保證了速賣通在全球的信譽。在速賣通平臺上，服飾、手機通信、美妝及健康產品是前三大賣家占比最高的行業。

3.3.2　盈利模式

在國際貿易市場中，速賣通自身定位較為清晰，即主要經營小規模、小批次的貨物，並提供運輸服務。在速賣通平臺運作過程中，由國內賣家和國際物流企業配合進行產品跨境配送，消費者將消費金額支付到第三方支付平臺，商品到達並無商品損害後打款到賣家。速賣通平臺主要的收入是平臺消費者和賣家的交易佣金（對於每筆交易收取5%的佣金）。另外，速賣通還為賣家提供增值服務，例如SEO優化、關鍵字推薦、廣告等收費服務。

3.3.3 行銷推廣

跨境電商市場的健康、快速發展依託於市場交易雙方的對等和充分的信息，交易過程中不存在信息盲區等問題。在速賣通跨境電商交易平臺上，買家一般通過搜索引擎進行目標商品的搜索，借助於平臺熱銷產品的提示從而瞭解當前最新的產品銷售動態，對行業熱賣品、主要經營商家等信息可以一目了然地掌握。速賣通在促銷推廣方面採用站外和站內兩種形式。站外形式以速賣通在西方主流的社交平臺——facebook 上組織的活動為例。速賣通參與西方節日禮慶，因地制宜地組織了雪橇搶紅包活動，為速賣通平臺帶來了較大的流量，消費者的產品消費額也提升了。在國外，電商購物模式還在培養中，消費者對於平臺和商家的信任仍需要通過促銷推廣的方式來建立。

3.3.4 物流運作服務

速賣通平臺上聚集了國內外的大量的中小型賣家，賣家自身市場體量小，在跨境物流配送過程中承擔著高昂的配送費用，同時也沒有能力建立跨境物流網絡。因此，速賣通在為國內外賣家提供銷售網絡的同時，也完善了跨境產品物流配送體系。目前，速賣已攜手 TNT、FedEx、DHL、國際 e 郵寶開展線上發貨，通過海外倉庫，實現了快銷性產品的快速流通，從而滿足跨境電商業務需求。跨境物流都要通過海關，且關鍵環節在目的國（地區）海關，企業需要進行貨物申報管理，在貨物申報過程中，一般包含備案管理、清單管理、核放單管理、報關單管理和報檢單管理。由於跨境貿易受到各國商貿政策的嚴重影響，清關過程中很容易出現「沒收」和「退件」的風險，企業需要全面瞭解各國商貿政策，有效應對。

3.3.5 支付方式

在速賣通上進行商品交易的流程明確，從賣家註冊認證、完成開店考試、發布商品、商品通過審核並成功上線，買家搜索商品並進行比較，與賣家在線溝通後下單，確認交易詳情，買家付款，速賣通平臺審核款項，之後賣家準時發貨，買家按時收貨，最後賣家再收款。一系列的流程闡述明確，每一個流程都是關鍵所在。在支付這一環節，速賣通平臺支持買家使用 VISA、MasterCard 等信用卡支付或者第 3 方支付公司。買家不確認收貨的情況下，系統會按照收貨超時時間，核對物流已投遞之後放款，賣家同樣可收到貨款。賣家一般可在交易完成後最多 5 個工作日內收到貨款。速賣通的交易資金流轉方式和國內電商平臺的資金流轉方式類同，速賣通使用 ESCROW 作為信用仲介，使消費者和商家進行交易對接，從而完成交易。為了降低平臺用戶的交易風險，ESCROW 引進了多種支付方式便捷了消費者的購物體驗，ESCROW 僅僅收取訂單的 3%~5% 的交易手續費作為佣金。國內電商平臺的成熟化，讓速賣通在國外電商平臺的營運過程中有了可借鑑的經驗。國內主流的銀行為速賣通提供安全、便捷的支付服務，方便速賣通在國際商品交易中進行結匯和信用卡交易，銀行和速賣通之間構成雙贏關係。當前速賣通平臺在現金支付體系上更為安全、便捷，國內外消費者和賣家能夠快捷地完成轉匯和結匯，不再為交易現金支付而發愁。

3.4　敦煌網

敦煌網（DHgate.com）成立於2004年，致力於幫助中國中小企業通過電子商務平臺走向全球市場。作為國內首個為中小企業提供B2B網上交易平臺的網站，敦煌網充分考慮跨境交易的特性，將新興的電子商務和傳統的全球貿易融為一體，為對外貿易的操作提供安全穩定的資金流、及時有效的信息流、簡便快捷的物流等服務，是跨境貿易領域一項重大的革新，掀開了中國對外貿易領域新的篇章。圖3-4為敦煌網主頁。

圖3-4　敦煌網主頁

敦煌網定位於扶持國內中小供應商向外直接供貨的新型全天候電子商務交易平臺，其在一定程度上增強了中國出口型中小企業的競爭力，帶動相關行業及地區經濟發展。中國信息產業部電子商務機構管理認證中心已將敦煌網列為示範推廣單位，國家發改委、中小企業國際合作協會、中小企業對外協調中心也同其建立戰略合作關係。

敦煌網主要提供交易支持、海外行銷、在線物流、在線支付、金融服務、增值服務等平臺資源整合業務。其中，交易支持產品上傳、商品搜索、一站通、數據分析等，商戶註冊流程快捷安全。海外行銷主要通過整合多種行銷方式，吸引海外採購商訪問、瞭解敦煌網上的中國商品。把海外客戶帶到中國企業面前是敦煌網的核心價值之一。

3.4.1　行銷推廣

敦煌網整合線上與展會等線下資源，形成一個綜合的行銷方式為客戶服務。敦煌

網的客戶關係是一種更加自由的長期深入的夥伴關係。一般賣家初次註冊時，敦煌網會為其提供專業的培訓服務、語言翻譯服務，老賣家可參加賣家大會，優秀賣家可到公司參觀交流。買家方面，敦煌網設有 VIP Club（貴賓俱樂部），對 VIP 買家進行專口的營運，並且通過電子郵件行銷的方式為其推薦好的產品，管理用戶關係。除此之外，敦煌網還有年終和節日的買家回饋活動，加強買家與平臺的溝通和交流。敦煌網的分銷方式主要包括和知名國際電商平臺合作、電子郵件行銷、社交網站行銷等。例如，敦煌網和亞馬遜結成合作夥伴進行網站的接口分享，和谷歌合作進行海外的品牌代言及搜索引擎的優化，通過電子郵件行銷來開拓市場和維繫用戶關係，在海外市場通過營運 Facebook、YouTube 等社交軟件來做網絡行銷，聯絡海外中小企業協會、歐美各行業商會等進行推廣。

3.4.2　產品策略

敦煌網將中小企業作為目標市場，因而在選擇主營產品時其涉及的領域主要是外貿綜合類、小額批發類及零售類。敦煌網利用電子商務網站遞送具有中國特色的並且海外顧客在當地買不到的商品給國外消費者，巧妙地避開了國外主要市場，集中資源開發其他潛力市場。

3.4.3　盈利模式

敦煌網作為第二代 B2B 跨境電商平臺，其盈利模式和第一代平臺有本質的區別。第一代 B2B 跨境電商平臺主要靠註冊會員收取會員費的方式盈利，而第二代平臺則是可免費註冊的，並不收取會員費，而主要是以交易成交後收取的佣金作為收入。敦煌網的盈利主要來自交易佣金，其次還包括收取增值服務費用、基於產品曝光系統的廣告費、金融服務費用。

交易佣金是向買方收取的，是在賣方價格基礎上加上一定比例的佣金，買家面對的價格就是在賣家價格的基礎上加上佣金形成的。敦煌網的佣金率按照成交額的大小分為不同的情況：當交易金額大於等於 8,000 美元時，按照 3.5% 的費率收取佣金；當交易金額小於 8,000 美元且大於 200 美元時，按照 4.5% 的費率收取佣金；當交易金額小於等於 200 美元時，採用浮動佣金機制。平臺將自動計算出佣金價格。敦煌網突破性地採取佣金制，開創了「為成功付費」的在線交易模式。

金融服務費用主要是賣家在平臺上享受融資服務的費用。平臺為賣家提供提前放款、在線貸款、建行敦煌「e 保通」融資產品，融資產品在使用中產生的開通費和手續費成為敦煌網這部分的收入來源。

敦煌網的廣告費用收入是融合在行銷系統中的。敦煌網的產品行銷系統是整合敦煌網買家平臺上的所有曝光資源，為賣家提供的提高產品曝光率的行銷工具，擁有豐富多彩的產品曝光展示形式和靈活多變的計費方式，可滿足廣大賣家對各種產品的行銷需求。曝光廣告的費用都是通過購買敦煌幣來支付的，主要通過競價排名廣告、定價廣告、展示計劃 3 種方式來實現曝光。

3.4.4　支付及金融服務

根據不同的用戶需求，敦煌網為全球客戶提供近 30 種安全有效的在線支付服務，包括國際支付與本地化支付方式，其中國際支付主要有 VIAS、MasterCard 信用卡、西聯匯款、Moneybookers 等，本地化支付方式有新加坡 NETS、英國 Mastro、法國 Carte Bleue、德國 Giropay、俄羅斯 WebMoney、荷蘭 iDeal、澳大利亞 Bpay 等。建行敦煌「e 保通」是中國建設銀行與敦煌網聯合推出的為敦煌網商戶提供的網絡融資服務，敦煌網平臺上的商戶無需實物抵押、無需第三方擔保，憑藉在敦煌網交易的即時記錄和累積的信用就可以申請「e 保通」貸款。

3.4.5　物流模式

敦煌網整合了全球著名的物流公司，如 EMS、UPS、DHL、FedEx、TNT 等供客戶和商戶選擇使用，商戶可以一鍵發貨，並且使用敦煌網的折扣價格。敦煌網同時對各物流平臺的使用情況進行監控，合理增減物流供應商。2013 年 11 月 26 日，浙江省義烏市政府和敦煌網聯合打造的「義烏全球網貨中心」（Virtual Warehouse）正式上線。這被認為是區域政府和跨境電商平臺合作，通過「幫、扶、帶」的方式推動當地企業實現轉型，建立線上線下打通的全球渠道的一個創舉。2013 年，網貨中心模式推進到廣東東莞、浙江寧波等貨源地。

3.5　蘭亭集勢

蘭亭集勢（Lightinthebox）成立於 2007 年，現為中國典型的跨境 B2C 出口平臺。該網站最初以銷售定制婚紗禮服起家，2010 年收購酷派網後進行品類擴充，目前銷售產品大品類已達 14 種。蘭亭集勢於 2013 年 6 月在美國紐交所掛牌上市。蘭亭集勢的營運模式與國內電商品牌京東較為相似，主要包括兩部分，一部分是蘭亭集勢自營，另一部分是平臺賣家。蘭亭集勢自營是指其作為跨境零售商，在網站平臺上銷售從供貨商處訂購的商品，自行負責商品頁面展示、定價、促銷活動等。蘭亭集勢與供應商簽訂供銷合同，根據銷售情況及時補貨，並定期結算採購貨款。供應商需保證商品質量和及時到貨至國內指定庫房即可。平臺賣家是指外貿企業依託蘭亭集勢平臺，自主建設網上店鋪、自主上新、自定售價、自制促銷策略等。為降低平臺賣家的准入門檻，蘭亭集勢負責平臺賣家的海外營運和客戶服務，商家履行訂單時，只需發貨至蘭亭倉庫，將貨物送到消費者手中由平臺代營運。蘭亭集勢負責代收貨款，扣除 15% 的佣金和 3% 的交易手續費後與賣家結算。因此蘭亭集勢的盈利主要分為兩部分，即商品進銷差價與佣金收入。圖 3-5 為蘭亭集勢網站主頁。

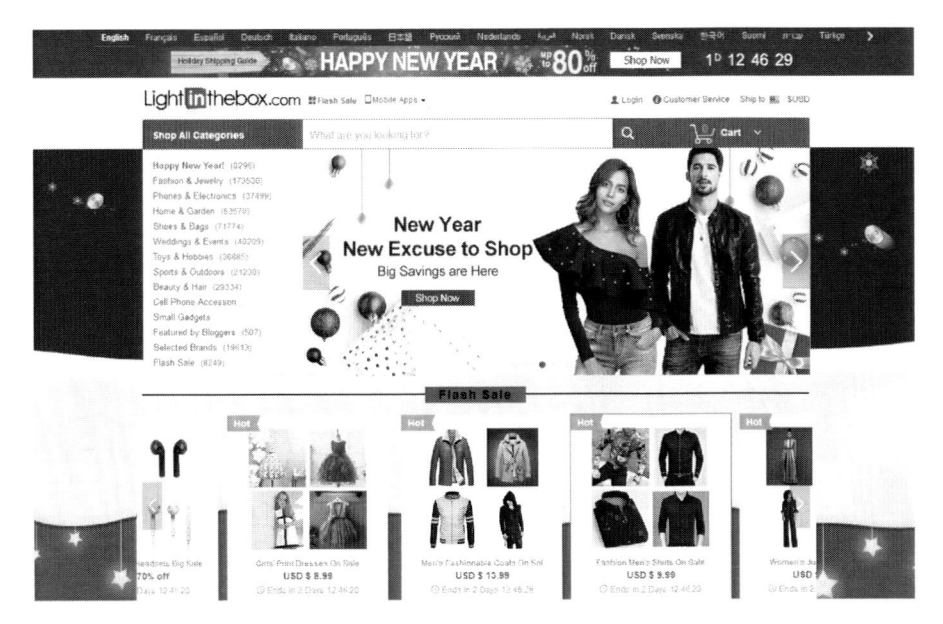

圖 3-5　蘭亭集勢網站主頁

3.5.1　產品策略

在產品選擇方面，公司以婚紗禮服為主，其他產品為輔。蘭亭集勢曾經是中國跨境電商的巨頭，在 2007 年成立之初，就瞄準中國製造業的優勢，同時緊扣發達國家的消費者自古以來都有結婚必須穿婚紗的習俗。發達國家婚紗製造成本高昂，美國婚紗的平均價格為 1,166 美元。蘭亭集勢的創始人因為窺探到了這樣的商機，所以選擇以中國製造的婚紗作為蘭亭集勢網站的主打產品。在供應商選擇方面，蘭亭集勢選擇來自江蘇虎丘的供貨商，因為該地的婚紗廠的勞動力工藝熟練且價格低廉，生產成本較低。蘭亭集勢大部分服裝類產品的價位僅為發達國家的 30%。總的來說，蘭亭集勢選擇以婚紗禮服作為主打產品，其製造工藝的低成本為公司開拓海外市場提供了很大的優勢。

3.5.2　行銷策略

蘭亭集勢積極探索本地化營運，在歐洲、北美等地建立倉儲，並設立海外辦公室，在目標市場當地雇傭員工並建立客服中心，與當地品牌開展合作，提升市場知名度。通過精準的網絡行銷技術，蘭亭集勢充分利用搜索工具、社交媒體、本地網盟、門戶頭條、移動 APP 等進行網絡行銷，持續引入流量。在社會化行銷方面，蘭亭集勢考慮到社交媒體在商品推廣中的影響力，利用 Facebook、Twitter 等行銷工具擴大其知名度和影響力。

近年來，公司公開招聘中間加盟代理商，代理商可以將蘭亭集勢產品的相關信息放置於自己的網站上進行銷售，而蘭亭集勢主要負責第一時間提供貨源和物流費用，

代理商可以根據其不同銷售額度區間獲得相應的代理提成。通過加盟代理商，蘭亭集勢可以擴大客戶群體，同時避免總公司對消費者投入過多精力和時間。此外，公司鼓勵員工人人創業，提倡他們用自己的名義和帳號在其他網站進行蘭亭集勢的產品銷售，提高員工的個人銷售業績。

3.5.3 供應鏈管理模式

在供應鏈管理方面，蘭亭集勢一方面通過自身採購貨物的方式，使其平臺使用商轉換為產品供應商，縮短流通環節，增加了毛利率；另一方面，針對定制產品與供應商直接合作，直接參與生產和管理流程。這樣不但能夠提高生產效率，改進產品質量，而且能保證訂單的履行率，減低庫存滯銷品的風險。這種自營式供應鏈模式，其庫存週轉速度約為亞馬遜的 2 倍，唯品會的 4 倍，因此奠定了蘭亭集勢在海外市場的優勢地位。

貨物供給是保證蘭亭集勢正常營運的關鍵。針對婚紗禮服這類定制商品，蘭亭集勢主要選擇蘇州虎丘的生產商。這些生產商主要是採取小作坊模式進行生產，其生產和管理水準無國際貿易標準。因此，為了提高生產商的自身管理能力以及在低成本生產的情況下把控好產品質量，公司直接組織經驗豐富的專家團隊進入生產基地，指導工廠的生產線工作。這些專家團隊幫助這些生產商提高領導管理能力並且協助他們制定長期可持續發展的戰略，把控原材料的選擇，使得這些傳統的中國生產商能夠在較短時間內適應跨境電商需求，從而提高生產商的生產效率以及改進產品的質量，最終達到個性商品訂制要求和標準品批量生產的目的。為了控制產品成本以及保證生產商的長期供應能力，蘭亭集勢選擇與供應商簽訂 1 年的供應協議。針對某些定制類的服飾，蘭亭集勢接到訂單後第一時間向生產商提交，在專家團隊的幫助下，這些生產商可以具備快速生產能力，只需 14 天便可完成生產並將貨物送往海外。針對其他產品，蘭亭集勢同樣成立專門的質量檢測組，對生產商的生產流程以及最終產品質量進行檢測，一旦發現超過一定比例不合規範標準的產品就會採取較嚴格的懲罰措施，以保障產品質量。為了縮短貨物物流時間和節省公司會計成本，蘭亭集勢與部分供應商簽訂提前備貨協議。蘭亭集勢只是負責貨物儲存管理，貨物並不計入蘭亭集勢的庫存中，只有在消費者下單的情況下，這些貨物才計入蘭亭集勢的庫存中，這樣有效控制了公司的貨源成本。蘭亭集勢也可以結合商品銷量，要求供應商無條件增加或者減少提前備貨數量。在這個過程中，蘭亭集勢只是負責提供儲存空間和支付供應商的物流費用，其他任何費用均不用計入會計成本當中。蘭亭集勢所採取的這種供應鏈模式同樣存在問題。第一，供應鏈條難以控制。作為一家 B2C 跨境電商企業，蘭亭集勢將傳統的「工廠—出口商—進口商—批發商—零售商—消費者」外貿模式簡化為「工廠—消費者」。從表面上看，蘭亭集勢把中間環節全部省略了，貨物從工廠出來後直接面對消費者，消費者能夠以最低的價格獲得商品，蘭亭集勢能夠以廉價的優勢獲取客戶。但事實上省去的這些環節，從採購到質檢到包裝，所有的風險都要由蘭亭集勢來承擔，而且這其中所需要的費用也不少，例如公司專門成立了一個由 125 名員工組成的質量控制部門，額外地增加了公司的開支。第二，蘭亭集勢單獨定價，容易使公司與供應商

的矛盾激化。因為定價資格在蘭亭集勢手中，其從源頭不斷控制成本，盡可能地壓低收購價格，最終引起部分供應商的不滿。

3.5.4 物流模式

蘭亭集勢主要採取與第三方跨境物流合作的物流模式。目前，蘭亭集勢支持的跨境物流服務包括 EMS、中國郵政、DHL、FedEx、TNT 和 UPS。同時，它也在積極探索新的物流模式。2015 年 1 月，蘭亭集勢啓動了物流開放平臺——「蘭亭智通」，將其和自營 B2C 業務、第三方開放平臺業務並列成為蘭亭集勢的三大戰略陣地。蘭亭智通的設立拓寬了蘭亭集勢的物流渠道，一方面讓更多跨境物流企業和代理商在平臺上找到賣家，另一方面也讓出口賣家參與到跨境電商中。這種模式能夠縮短物流運送時間，提高客戶使用體驗，從而提高用戶黏性。

3.5.5 支付方式

通過與第三方在線支付平臺和全球各大信用卡、借記卡公司以及其他支付商的合作，蘭亭集勢為客戶提供了一系列豐富的支付方式選擇。海外客戶可以使用全球範圍內發行的大部分信用卡和借記卡，以及 PayPal 等第三方支付平臺的金融工具進行在線支付，也可以通過西聯匯款或電匯完成訂單交易。蘭亭集勢則在每一筆交易之後，按一定比例向這些支付服務提供商支付手續費。對於不同的國家的消費者，蘭亭集勢也提供該國流行的網絡支付方式。蘭亭集勢還與許多國家（尤其是歐洲國家）的當地支付機構合作，如 American Express（美國運通）、JCB 信用卡、法國銀聯機構等，使不同地區的消費者的購買過程更加便捷，從而進一步提升客戶體驗。

蘭亭集勢是 B2C 出口跨境電商中的佼佼者，但其在發展過程中仍面臨著巨大的困難。其一，連年虧損迫使其不得不轉變經營管理方式，將原組織架構轉變為事業部制，以此降低營業費用，提高員工貢獻效率。其二，增收遇到瓶頸，繼婚紗服飾後，缺乏強有力的熱銷賣點打動國外消費者，品牌策略不強，行銷成本居高不下。其三，跨境電商行業淘汰賽開始，亞馬遜、阿里巴巴等資金實力雄厚的國際巨頭參與競爭，進一步壓縮了蘭亭集勢的利潤空間。未來的低價競爭將轉戰為品牌競爭與服務競爭。

3.6 大龍網

3.6.1 企業介紹

大龍網成立於 2010 年 3 月，是國家商務部首批跨境電商試點企業之一，是 1,500 萬家中國製造企業成為全球品牌商、全球供應商、全球跨境電商的孵化臺。在經營 B2C 模式 4 年之久後，大龍網掌舵人馮劍鋒帶領團隊將大龍網轉為 B2B 模式。大龍網在跨境產業互聯的大通道上，提供跨境金融服務和平臺增值營運服務，是目前國內最大的中國製造走出去的跨境電商 B2B 商機服務平臺及跨境實業互聯服務平臺。圖 3-6

為大龍網網站主頁。

圖 3-6　大龍網網站主頁

　　為抓住「一帶一路」新興經濟體和發展中國家約 44 億人口、總量約 21 萬億美元的巨大市場快速發展所帶來的無限機遇，大龍網集團在「互聯網+」的時代背景下，借勢國家接連出抬一系列政策推動跨境出口的機遇，聚焦出口企業探尋全新海外市場所遭遇的種種障礙，借助「一帶一路」政策優勢和全球資源，用大數據和跨境供應鏈金融產品整合資源，同時在國內尋找細分行業合適的產能圈落地合作，與國內產能圈領袖企業形成產業園、跨境產業小鎮等平臺公司，兩個平臺互通互聯。同時，大龍網以共享經濟模式聚合目標市場國家有實力的合作夥伴，為中國出口企業打造覆蓋整個目標市場國家的分銷網絡，並推出全新的 FBO（Fulfillment by OSell，即跨境全程訂單履行）服務，以一站式整體出口解決方案助力中國製造實現一步跨境。

　　目前大龍網集團在俄羅斯莫斯科、波蘭華沙、越南胡志明、阿聯酋迪拜、印度新德里、加拿大多倫多、德國杜伊斯堡、印尼雅加達、柬埔寨金邊、巴西聖保羅等城市設立了海外本土化服務辦公室和中國品牌樣品體驗中心，在各地組建了本土化的海外團隊，聚集了海外本土的品牌、行銷、營運、物流以及渠道建設等方面的優秀人才，整合了全球本土化資源。同時，大龍網集團在重慶、深圳、上海、北京、廣州、蘇州、徐州、杭州、臺州、合肥、貴州、綿陽、青島、洛陽、焦作、西安、梧州等全國多個城市設立了分公司。

3.6.2　經營策略

　　大龍網一開始做的是 B2C 模式的跨境電商，但隨著國內外各種跨境電商平臺的迅速發展壯大，大龍網在前期用戶資源上的匱乏使其不具備與國內巨頭速賣通和海外大

鱷亞馬遜、ebay等競爭的實力，於是開始轉型做跨境B2B。然而，B2B跨境電商在當時並不完善，與傳統外貿的差別不大，運作方式就是大龍網負責為國內各企業提供各種海外市場信息，促成國內企業與國外銷售商的對接。在物流、支付、清算等環節，大龍網沒有任何優勢可言，相關工作主要還是依靠企業自己來做。這也導致大龍網在各種B2C和B2B跨境電商中猶豫徘徊。到了2015年，B2C模式的跨境電商遭遇了前所未有的寒流，主要海外市場目標國和地區都開始對來自中國的出口產品和出口企業加大貿易保護力度。自此，大龍網開始明確自己的B2B定位，並且將其進一步發展，即在國內供應商和海外消費者之間加上國外銷售商，從而解決了消費者買了東西沒有地方換、出現問題沒有人員管的核心難題。

大龍網自我定位為國內外中小微企業的服務者，將賣家思維轉變為服務者思維，致力於撮合國內賣家與國外買家成交。大龍網以中國工廠直採為特點，吸引了大批國外中小採購商。大龍網自主研發的跨境貿易社交APP「約商」可實現發布商機、篩選商家、詢盤、下單、結算等功能。

除此之外，大龍網的一大特色營運模式就是O2O（Online to Offline，線上對線下），以「兩國雙園」為立足點。「兩國」指中國與目標市場國雙向建設，「雙園」是指國內產業園與海外跨境貿易園無縫對接。具體來說，就是在國內產業聚合區，搭建龍工廠產業圈，吸引中國企業入駐；在海外貿易園，憑藉智能大賣場與品牌貿易基地擴展海外銷售渠道，建立合作夥伴關係。大龍網O2O商業模式背後的邏輯是，以信息服務為基礎的線上關係是「弱關係」，線下體驗店中實實在在的貨品展示才能使買賣雙方之間逐漸締結「強關係」，不斷加深交易互信。商業信任是達成交易的前提與保障，大龍網深諳此道，期望以O2O模式降低交易中的信用風險。

大龍網的足跡已經遍布若干發達國家與發展中國家，目前已經在德國、俄羅斯、波蘭、越南、印尼、柬埔寨、巴西等國家和地區開展業務。通過落地本土化策略，大龍網搭建起本土辦公團隊與樣品體驗基地，腳踏實地開展海外業務。

第 4 章　跨境電商營運

4.1　跨境電商的行銷推廣

4.1.1　行銷模式分類

跨境電商的行銷要通過一定的平臺才能完成。目前，中國在外貿出口方面較為知名的電子商務平臺有阿里巴巴國際站、速賣通、敦煌網、大龍網等。代購、零散性的海淘是進口跨境電商的傳統形態，近兩年，以往的代購等被跨境電商代替，跨境電商擁有自己的行銷模式。具體來說，跨境電商有以下 4 種行銷模式。

4.1.1.1　大平臺行銷

這種行銷模式一般都有具有完整的支付及物流渠道，可以引進不同的商家入駐，例如天貓、順豐、阿里巴巴等。這些不同的電商平臺是否適合跨境電商，需要在未來的發展中逐漸印證。大平臺之間的行銷主要在物流、信息流、資金流等方面博弈。

4.1.1.2　分銷聯盟

分銷聯盟是一種連結銷售模式，在國外電商網站比較常見。分銷聯盟一般由具體的機構整合電商的資源，制定統一的接口，然後對接入者開放。一般情況下，如果在外連結入平臺上產生接入性的銷售，商家就可以給接入者提供一定的返點。例如 55 海淘及美國的 shop.com 都是以這種模式進行行銷的。這種行銷模式發揮了資金優勢，商品的選擇性較大，發貨速度快，但對貨源的控制能力較弱。這種行銷模式一般以返利的方式吸引廣大顧客。

4.1.1.3　M2B2C 模式

M2B2C 模式一般要求行銷主體具有建立國際物流管道的能力，對於具體的商品貨源能依靠自己的力量去談判。這種行銷模式進入的門檻較高，例如洋碼頭等。這種模式在國外的影響較大，一般主要通過 IT、物流、售前及售後服務管理，整合商品資源，為顧客提供較好的購物服務，使其獲得較好的購物體驗。國內的電商一般都會涉及這樣的行銷模式。這種行銷模式的貨源較為穩定，可控性及整合貨源、物流的能力較強，銷售的整體利潤較高。但相對來說，其貨源的擴展較慢，且難度較大。

4.1.1.4　海外轉運模式

跨境電商中有眾多的海外轉運公司加入，從而形成了一種海外轉運公司行銷模式。

海外轉運模式具有較強的跨境物流能力，接近貨源是其最大的優勢。這種行銷模式以天然的貨源及價格優勢占領跨境電商市場，但其涉及的品牌較少，不能全面進入市場。

跨境電商的行銷模式是其發展的重要支撐，不同的行銷模式以其不同的特點、優勢在跨境電商中占據一席之地。在不同的客戶群體、批發商、渠道商等不斷發展、改革的背景下，這4種行銷模式將引領跨境電商在未來更好地發展。

4.1.2 行銷策略

跨境電商的快速發展，在一定程度上形成了不同的行銷模式。在具體的貿易環境下，採用恰當的行銷模式，有助於跨境電商企業的穩定健康發展。跨境電商企業面對不同的商業環境及客戶群體，只有優化行銷策略，才能獲得更好的發展。

4.1.2.1 樹立正確的品牌意識

在跨境電商的行銷過程中，跨境電商企業一定要樹立良好的品牌意識，通過不斷提高營運團隊的整體素質來推廣品牌，提升電商企業駕馭品牌的能力。當下，中國的跨境電商企業將其重點轉移到行銷方面，力求運用多元化的行銷方式來推動貿易發展，但在品牌行銷，以及海外擴展接洽方面存在問題，導致行銷環節相對處於劣勢。因此，跨境電商在其發展的過程中，要樹立正確的品牌意識，著力打造以品牌、服務、消費者為中心的行銷理念，為客戶提供優質的品牌服務，提高企業自身的形象，擴大企業在市場上的影響力。

4.1.2.2 靈活選擇物流公司及支付系統

選擇可靠的物流公司和支付系統是跨境電商企業在發展中面臨的最大的兩個難題，因此為了促進跨境電商企業的發展以及自主品牌的打造必須選擇良好可靠的物流公司，不斷完善支付系統。在行銷過程中，跨境電商企業要注意針對不同的國家，對其網絡消費市場進行分析，在行銷對象所在的區域選擇具有影響力的物流公司，尋找完善的支付系統進行合作；在選擇海外運輸公司時要考慮其運輸量的大小及是否具備較高的安全性；盡量靈活選取服務商，力求為消費者提供便利的網絡消費方式，確保消費渠道的暢通。知名物流公司具有優質的服務，它們可以使消費者在最短的時間內收到貨物，而且還可以使其感受到跨境電商企業良好的服務，感受到品牌的魅力。對於貨物數量大，而且不是很急的消費者就可以使用國際海運公司進行運送，對於比較急切的且包裹很小的貨物就可以選擇貝郵寶或者是海購豐運等快遞公司進行運送。跨境電商企業靈活運用物流，才能滿足不同消費者的收貨需求，從而提高消費者的滿意度。為了使交易更加便捷，跨境電商企業要不斷完善自身的支付系統，比如說支持信用卡以及第三方支付等多種支付形式，滿足不同消費者的支付需求。

4.1.2.3 建設並打造高素質、高質量的品牌行銷團隊

跨境電商企業的健康持續發展離不開自主品牌。跨境電商企業要提高駕馭自主品牌的能力，提高團隊的素質是必不可少的。對於行銷團隊，跨境電商企業要有意識地進行建設，打造高質量的品牌性行銷團隊。具體來說，跨境電商企業可以通過行銷培

訓、電子商務交流會等方式對其行銷團隊成員進行培訓，在這樣的過程中提高團隊成員在品牌行銷方面的能力和素質。就目前的情況來說，中國的很多跨境電商企業所擁有的團隊都只是在平臺操作以及產品銷售上有很強的能力，但是在品牌行銷、銷售渠道等方面的處理能力卻較差。跨境電商企業要實現自主品牌行銷就必須從自身發展的實際現狀出發，在主要的消費地區和國家註冊，並在發展中不斷累積線上行銷的口碑，然後在此基礎上對境外市場進行細緻劃分，與境外當地的電商進行合作，從而貼近當地的消費者，促進自身品牌的本土化，進而提高自身的經濟效益和銷售業績。

4.1.2.4　擴大與境外電商之間的合作

跨境電商企業與本土電商企業之間的競爭由來已久，其競爭力也相對較強。不同國家和地區的風俗習慣、語言文化存在較大的差異，因此，在跨境電商的發展過程中，合理消除種種差異就要求跨境電商企業積極尋求與境外當地電商企業的合作，減少文化、語言等方面的差異，在當地建立倉儲點以及物流倉庫，從而實現線上接單快速發貨的目標，讓買家可以快速收貨，促進跨境銷售的本土化。

4.1.2.5　建設優越的用戶體驗平臺

跨境電商以網絡為載體進行交易，而網絡是一個極其人性化的場所，可以為消費者提供更多自由選擇的空間，帶來不一樣的體驗。在跨境電商的網絡行銷中，企業也更加重視深入瞭解消費者的消費習慣和消費需求，建設優良的用戶體驗平臺，完善用戶的個性化服務，以此推動企業自身的發展。

4.1.2.6　改變經營理念

與傳統的外貿不同，跨境電商企業所面臨的消費者具有不同的採購特點，即次數多、數量少、收貨時間短，並且每個消費者對電商企業提供的產品以及服務質量都可以直接進行反饋，他們的反饋會形成電商企業跨境銷售的口碑，這些不斷累積起來的口碑就會直接影響跨境電商企業以後的銷售活動。做跨境電商的企業很多都是傳統的外貿企業，在轉型之前交貨期都比較長（一般是半個多月甚至幾個月），而且成交的金額很大（往往都是幾千到數萬美元），在轉型之後，很多企業仍然按照傳統外貿的思維來經營，難以改變原有的方式，如此一來就很難滿足境外消費者的需求了。因此，跨境電商企業在經營發展中要不斷地改變自己的經營理念，為更多的小買家提供合適的服務，滿足他們的需求。跨境電商企業還要注重在平臺上專業經營自己的品牌，從而有效地避免與眾多的產品混在一起。跨境電商企業在開跨境店鋪的時候，或者是建立自己的B2C網站都要專業化經營自己的品牌，專業化才是打造自己品牌的途徑，而不是將所有的產品都混在一起進行銷售。此外，跨境電商企業要在深入分析自己品牌的產品的基礎上對所有的境外市場進行細分，從而將不同的產品投放到不同的市場，以滿足不同的需求。比如說某品牌的手電筒，在銷售的時候根據不同市場上消費者的不同需求來打造自己的品牌。比如，海洋附近的國家有很多潛水愛好者，因此在宣傳產品的時候就應該側重於其防水性能；對於內陸國家的消費者則主要宣傳產品防震耐摔的性能。

4.1.3 自主品牌研發行銷的意義

4.1.3.1 利用跨境電商企業自主品牌行銷，提升價格優勢

在跨境電商浪潮席捲而來的同時，跨境電商企業也要面臨戰略調整的挑戰和壓力，要想盡辦法拓展跨境電商企業的海外市場，要通過加強與國內外大品牌企業的合作，帶動跨境電商企業自主品牌的研發和建立，解決跨境電商企業戰略調整的困擾，更好地提升跨境電商企業平臺的質量和水準。同時，跨境電商企業自主品牌的研發與行銷，可以給跨境企業帶來較大的價格優勢，節約跨境電商企業用於廣告推銷、銷售環節的成本，從而較好地幫助跨境電商企業降低行銷總體成本，更好地增加經濟效益。跨境電商企業自主品牌的建立和行銷，可以減少中間環節的費用，不僅使跨境電商企業保有自身的利益，而且可以使終端的消費者享受到更多的價格優惠，從而使跨境電商企業更具有開拓海外市場的潛力。

4.1.3.2 利用跨境電商企業自主品牌行銷，提升海外市場份額

跨境電商企業在拓展海外市場的過程中，單純依賴於「價格戰」的行銷策略還略顯單薄，還要創新自身的生產技術，實現對自主品牌的研發和行銷，增大產品行銷定價的自由度，使終端消費者享受到更多的優惠，較好地培養海外終端消費者的忠誠度和信任度，獲得終端消費者的更多青睞和喜愛。同時，為了更好地實現跨境電商自主品牌的行銷，還要以創新的研發技術為支撐，要採用新技術、新方法，實現對傳統產品的改良和優化，更好地提升跨境電商企業自主品牌的形象，提升跨境電商企業的海外市場競爭力。

4.1.3.3 利用跨境電商企業自主品牌行銷，實現自身的戰略調整

隨著跨境電商浪潮的不斷湧入，企業要想獲得自身的長遠持續發展，還要關注自身的戰略調整和經營方式的轉型，要轉變原有的經營理念和模式，由傳統的雙邊貿易轉變為多邊貿易，並逐漸聯結各個生產鏈，形成一種自主品牌產品的行銷網絡，並通過在線消費需求分析，促進跨境電商企業的經營方式的轉型，增加跨境電商企業自主品牌產品的附加值。

4.2 跨境電商支付

中國跨境電商發展的前期，通關物流與相關的結算方式是在線交易的主要結算形式，比如傳統的郵政匯款，或是銀行轉帳。最近幾年，伴隨電子商務的發展，出現了大批包裹海外倉轉運模式，同時第三方支付平臺不斷完善發展，信用卡支付、郵政匯款、銀行轉帳多種支付方式也在不斷創新發展中。在國家政策的支持下，中國跨境電商發展保持快速增長態勢。

跨境支付作為跨境電子商務資金流動的主要形式，承擔著保障交易資金安全、保

護買賣雙方合法權益的責任。跨境支付大體分為收、支兩條線，收款線是指國內賣家通過跨境支付機構回籠銷售商品或服務貨款的收結匯業務；支出線是指國內買家通過跨境支付機構支付購買境外商品或服務貨款的購付匯業務。全球商品市場基本處於買方市場時代，買方對於跨境支付方式的選擇有較大自主權，相對而言賣方話語權較小。大多數第三方跨境支付機構向賣方收取佣金、帳戶管理費、提現費等費用。跨境支付方式主要分為線上與線下。線上支付包括各種第三方電子帳戶支付、國際信用卡、銀行轉帳等多種方式，線上支付受到額度管制，適用小額跨境電子商務零售。另一種是線下支付，如電匯、信用證等，大多適用於大額跨境電子商務交易。

在進口跨境電商業務中，當境內買家下單並通過第三方支付機構支付貨款後，由中國第三方支付機構代客戶申請人民幣兌換為外幣向境外商戶支付。在出口跨境電商業務中，中國第三方支付機構主要負責將外匯結算成人民幣付給境內商戶。在跨境電商進口業務中，中國第三方支付機構能夠積極發揮主動性，支持用戶使用人民幣進行跨境購物結算，在一定程度上推進了人民幣國際化發展。中國早期跨境電商的出口業務中，由於中國缺乏覆蓋面廣、影響力強的第三方支付機構，外貿商戶經常使用 PayPal、Payoneer、WebMoney 等支付平臺進行收款，存在佣金居高不下、資金週轉慢、交易糾紛難以解決等問題。2013 年 9 月，國家外匯管理局開始陸續發放跨境支付牌照，擁有普通支付牌照的企業都具有申請資格，允許擁有跨境支付牌照機構為跨境電商交易雙方提供外匯資金收付以及結售匯服務。截至 2016 年年底，已有 28 家企業獲得跨境支付牌照。

中國跨境支付平臺主要為兩類：一類是以電商平臺為依託的自有支付品牌如支付寶，另一類是獨立的第三方支付機構如快錢。無論是何種類型的跨境支付平臺，都是以支付圈覆蓋達到一定程度為基礎。跨境支付的競爭舞臺不止在國內，中國跨境支付企業應積極參與國際競爭。

4.2.1 跨境電商主要支付方式

4.2.1.1 跨境購匯支付方式

跨境購匯支付主要的方式為借助第三方支付工具統一購匯支付。這種支付方式是指第三方支付機構為境內持卡人的境外網上消費提供人民幣支付、外幣結算的服務。具體可以分為兩類：一類是代理購匯支付，以支付寶公司的境外收單業務為典型；另一類是線下統一購匯支付，以好易聯最為典型。

4.2.1.2 跨境收匯支付方式

（1）借助第三方支付工具收款結匯。這種支付方式是指利用第三方支付機構為境內電商的外幣收入提供人民幣結算服務，即第三方支付機構收到買方支付的外幣貨款後，集中、統一到銀行辦理結匯，再付款給國內賣家。但這種提現服務會導致沒有真實貿易背景的資金流入，造成管理上的漏洞。

（2）通過匯款到國內銀行，以結匯或個人名義拆分結匯流入。此種資金流入方式可分為兩類：一類是比較有實力的公司採取在境內外設立分公司，通過兩地公司間資

金轉移，實現資金匯入境內銀行，集中結匯後，分別支付給境內各個生產商或供貨商；另一類是規模較小的個體老板，通過在境外親戚或朋友收匯後匯入境內。

4.2.2 第三方支付平臺

目前，國際網上跨境支付的主要形式為通過第三方支付平臺進行資金的清算。國內第三方支付機構主要通過與銀行合作開展跨境網上支付服務，提供與銀行支付結算系統接口的交易支付平臺。這種方法是目前比較安全通用的結匯渠道，以下重點介紹 PayPal 和國際支付寶兩種第三方支付平臺。

4.2.2.1 PayPal

PayPal（中國稱貝寶）是美國 ebay 公司的全資子公司，是全球最大的第三方支付平臺。PayPal 目前是小額跨境貿易中最主流的付款方式。PayPal 在買家付款後，立刻顯示 PayPal 餘額，另外可以解除買家付款收不到貨的擔憂。用戶只需要一個郵箱便能註冊 PayPal，且開戶免費。PayPal 較高的知名度得益於它是美國 ebay 公司旗下的支付平臺，其用戶遍布全球；背靠 ebay 大集團，資金風險低。

4.2.2.2 國際支付寶

阿里巴巴國際支付寶是一種第三方支付擔保服務，而不是一種支付工具。國際支付寶由阿里巴巴與支付寶聯合開發，旨在保護國際在線交易中買賣雙方的交易安全。目前國際支付支持的支付方式有信用卡、T/T 銀行匯款。它的風控體系可以防止用戶在交易中遭受信用卡盜刷。

4.2.3 中國跨境電商支付存在的問題

現階段中國中小外貿企業使用第三方支付平臺時面臨許多痛點。

首先，中小外貿企業面臨帳戶安全性問題。據調查顯示，超過九成開展跨境出口業務的中小外貿企業從業者擔心網絡支付的安全性。網絡支付的特點決定了第三方支付平臺的安全門戶可能遭到不法分子的攻擊，從而泄漏客戶的交易信息，甚至竊取客戶的資金。

其次，中小外貿企業使用海外第三方支付平臺的費率較高、資金週轉較慢。目前，中國中小外貿企業在開展海外業務時，往往傾向於選擇歐美企業的支付平臺，如 PayPal、Payoneer 等。一般中小外貿企業開展跨境零售的利潤空間為 5%～10%，但是交易費率都在 2.5%～3%，這大大擠占了中國中小外貿企業的利潤空間。同時，由於中國金融支付體系不同於歐美的金融支付體系，因此當資金在兩個支付體系之間進行流轉時，就需要更多的時間與成本。而且，根據國家外匯管理局的規定，單筆服務貿易的付款金額不得超出 3 萬美元（目前有少數省份將限額提升到 5 萬美元），否則需要開具稅務憑證。而第三方跨境支付機構是對多個中小外貿企業貿易款項的集合，往往所涉款項較大，因此需要辦理額外的手續，使中小外貿企業的收匯時間拉長，不利於其資金的流轉。

再次，由於跨境電商交易的虛擬性與匿名性，中小外貿企業並不能瞭解境外消費

者的個人信息資料及信用狀況，可能會發生中小外貿企業已經將商品發出，而對方以各種理由拒絕付款的情況，給企業造成一定的經濟損失。

最後，相關法律缺失，監管力度不夠。跨境支付是一個繁雜的體系，涉及跨境電商最重要的幾個環節，但目前中國仍然沒有細化的對於跨境支付的法律體系。同時，就目前來講，中國對第三方支付機構的監管只停留在國內層面，而無法對機構境外的運作環節進行規範約束，也不可能對消費者群體進行跟蹤監測，這也使中國中小外貿企業在資金回收上面臨一定的風險。

4.2.4 多角度、全方位把控跨境支付風險

伴隨著跨境電商的迅速發展，中國目前已逐步開放第三方支付平臺開展跨境支付業務的權利。針對現階段中國中小外貿企業開展跨境電商面臨的支付問題，主要可採取以下措施。

首先，要建立和完善網絡安全體系。保障網絡交易安全，是開展跨境電商的先決條件。中國自有第三方支付機構應構建一套包含支付安全、客戶信息安全的網絡支付安全體系，在交易的各個節點加以監測，並建立24小時全天候預警機制，保障交易資金的安全性並減少其他網絡風險，打造安全的跨境電商支付環境。同時，還可以利用網絡安全體系進行客戶管理，通過數據的收集分析功能，對客戶的喜好進行智能分析，在保證客戶信息安全的同時，選擇性地為客戶提供其他服務。

其次，針對境外第三方支付機構成本較高的問題，政府可規範和支持國內第三方支付平臺的發展，如支付寶、財付通等。具體來說，政府應鼓勵國內自有第三方支付機構與國際清算銀行合作，在保證資金安全的同時，不斷降低其交易費率的百分點，甚至在未來實現零費率。這就減少了中國中小外貿企業跨境電商交易的成本，使它們能獲得更大的利潤。

最後，加強對第三方跨境支付企業機構的監管力度。中國人民銀行、國家稅務局、國家外匯管理局等部門應聯合行動，出抬跨境第三方支付機構管理條例，讓跨境第三方支付能有章可循，有法可依。對於第三方跨境支付平臺的監管可從以下角度入手：一是平臺要不斷採取措施來確保交易資金的安全性，第三方支付機構不可隨意將企業與消費者的交易金額挪作他用或者進行凍結；二是要能夠對第三方支付機構實施即時監控，以便能夠及時追蹤到不符合常規模式的交易數據。若經證實，第三方跨境支付機構存在違規操作，就對其進行嚴厲懲罰，情節嚴重者直接取消其從業資格。

4.3　跨境電商物流

4.3.1 跨境電商物流發展現狀

跨境電商物流將本國商品從國內交易轉移至跨境貿易，穿越了電子商務時間上和空間上的障礙，有效地確保了跨境貿易的順利進行。跨境電商物流的發展歷程可區分

為 3 個階段：興起階段、發展階段和成熟階段。

興起階段為 20 世紀 50 年代初至 20 世紀 80 年代初。該階段正處於二戰結束後期，百廢待興，國際經濟貿易越來越頻繁，貨物交易量日漸增長，原有的運輸方式已無法滿足現今對運送質量的需求。鑒於此，少數國家發展了獨特的標準化物流體系，如國際多式聯運，整個運輸流程僅由一方承運主體實施，一定程度上促進了貨物運輸的暢通無阻。物流運輸超越了國界，然而當時的人們並沒有意識到物流的國際化趨勢。

發展階段為 20 世紀 80 年代至 90 年代初。此時的國際市場已然從賣方主導轉變為買方主導。在激烈的國際競爭中，發達國家的企業率先意識到發展跨境物流的重要性，只有改善物流管理，降低商品成本，占領海外市場，才能在競爭中脫穎而出。這一階段國際物流的自動化、機械化水準明顯提升，但是物流發展核心區仍局限在歐美資本主義國家。

20 世紀 90 年代至今為成熟階段。在這一階段，各國政府普遍接受並認同國際物流的重要性，國際社會一致達成貿易無國界的共識。物流全球化和經濟全球化相輔相成，並肩發展。因此，國際貿易與物流業的發展是緊密相連的，二者同樣彼此影響與制約。

國際物流的發展趨勢不可逆轉。因此，構造中國特有的跨境物流體系，以適應中國經濟持續增長、海外市場不斷擴大的需求，顯得至關重要。一方面，中國跨境電商的發展極大地推動了跨境物流的進步，中國海關數據統計表明，2002—2015 年，中國跨境物流量每年平均增長 40%，2015 年中國跨境物流的交易規模更是高達 3,000 億元。另一方面，跨境物流相較於跨境電商的飛速發展滯後得多，無法與跨境電商並駕齊驅，反而開始限制跨境電商的深入改革。而且相比於歐美發達國家，中國跨境物流無論是發展層次還是基礎設施建設都尚處於起步階段，尚且無法合理匹配目前中國跨境電商賣家的需求，嚴重影響了中國跨境電商的長遠佈局，也阻礙了中國「貿易大國」向「貿易強國」邁進的徵程。當前中國急需發展跨境物流，使之不再成為中國跨境電商發展的短板。

4.3.2 傳統跨境物流模式

跨境電子商務行業的高速運轉必將對跨境物流提出更苛刻的要求，因此對於眾多跨境電子商務企業而言，選擇一個合適的跨境物流模式將會事半功倍。目前，中國的跨境物流服務主要有 4 種，分別是郵政包裹、國際快遞、國內快遞、專線物流。

4.3.2.1 郵政包裹

目前，中國出口跨境電商約 70% 的包裹是借助郵政系統投遞的，其中中國郵政占據了半壁江山。因此，當前跨境電商物流系統中，郵政包裹仍是主力。借助卡哈拉郵政組織（KPG）和萬國郵政聯盟（UPU）兩大國際性組織的支持，郵政系統現今已形成基本遍布全球的網絡體系，比其餘的任何物流渠道覆蓋範圍都要廣。郵政包裹的優勢在於價格低廉、清關便捷。例如，從韓國寄往中國的國際水陸路包裹，如果總重量不超過 20 千克，價格將不高於 295 元；從中國寄往美國的國際空運水陸路包裹，如果總重量不超過 30 千克，價格將低於 1,586.5 元。郵政包裹的劣勢在於配送時效慢、丟

包破損率偏高、難以全程跟蹤。例如，大多數代理商規定郵政包裹的運送週期為15~30天，然而大於80%的郵政包裹遞送週期超過了30天。丟包率高是指郵政包裹的丟包概率通常為1%~5%，在旺季時甚至會達到10%。

4.3.2.2　國際快遞

國際快遞模式主要由4家商業快遞巨頭構成，分別是美國聯合包裹服務公司（UPS）、中外運敦豪（DHL）、TNT快遞和聯邦快遞（FedEx）。這些國際快遞物流商擁有自建的世界網絡、強勁的技術系統以及覆蓋全球的定制服務。國際快遞可以根據不同的顧客群體、國家地區以及貨物特性選擇適宜的貨物遞送渠道。整體上看，國際快遞模式的時效性強，而且丟包率低。這些優勢都有利於提升海外用戶的購物體驗。但是，高水準的服務意味著昂貴的價格。例如，採用中外運敦豪環球快遞從中國發往墨西哥、美國、加拿大的包裹，如果重量為30千克，價格竟高達5,422元；而寄往英國的同等重量的包裹，價格更高，為5,460元。因此，只有在客戶要求高時效性的狀況下，跨境電商企業才會採用國際商業快遞來配送商品。

然而，國際快遞除了價格高昂以外，其對於產品的限制性也強，諸如仿製品、含電或者特殊類型產品是不允許運送的，這也是國際快遞所占市場份額不高的主要原因。

4.3.2.3　國內快遞

國內快遞主要包括郵政特快專遞（EMS）、順豐和「四通一達」（申通、圓通、中通、匯通和韻達）。申通和圓通對於發展跨境物流雖然戰略佈局較早，但也是近年才開始加速擴展的。例如，申通快遞於2014年12月剛設立日本專線；圓通在2014年4月才與CJ大韓通運聯盟，建立合作關係，2016年3月剛成立圓通速遞韓國公司。而匯通、中通和韻達則起步較晚。相較之下，順豐的國際化業務更為成熟些，當前快遞服務已經遍布韓國、日本、新加坡、美國、澳大利亞等國家，其採用航空直飛的方式配送貨物，快件送達時間一般為3~7天。EMS的跨國業務體系是最為健全的。表現為：通過郵政渠道，EMS能夠直接覆蓋全球超過60個國家與地區，且費用相對低廉，同時具備強勁的境內清關能力。

4.3.2.4　專線物流

專線物流是指一種專門針對特定目的地國家的專線物流配送模式，其一般是首先借助航空包艙將貨物運輸至海外，然後由合作方公司展開當地派送。專線物流的優勢在於其能夠短時間內定點集中大批量的貨物，產生規模經濟，使得物流成本大大降低。因此，其價格通常低於商業快遞，而配送速度稍慢於商業快遞，卻比郵政包裹快得多。

專線物流的特徵在於貨物運達期限相對確定，運輸成本相比快遞物流較為低廉，同時能夠確保雙清。對於僅專注於特定國家或地區細分市場的跨境電商而言，專線物流應當是較優的物流解決策略。總體來看，專線物流在時效性和清關方面比快遞物流有優勢，如果跨境電商企業只打算投資特定目的國市場，同時要求一定的清關能力，那麼選擇專線物流是相當不錯的。

如今，跨境電商經歷了十多年的發展，其跨境物流已然從單一化的郵政包裹演化

為「郵政包裹主導，其他模式共存」的多元化狀態。跨境商業快遞雖然價格高昂，但具有高時效性；專線物流雖然配送區域範圍受限，但是其有力地平衡了時效性和物流成本兩大關鍵因素。儘管如此，跨境物流存在的種種弊端依然無法妥善解決，在這種大背景下，海外倉模式應運而生。

4.3.3 海外倉模式

跨境物流新模式——海外倉的出現是順應跨境電商及物流縱深發展的大趨勢的。海外倉不僅可以兼具倉儲、配送功能，而且能為商家提供推廣品牌、收集信息、售後服務、國外維權綜合性服務的平臺。海外倉不僅融合了跨境電商的特徵，而且在一定程度上是對專線物流模式的延伸。海外倉能夠提供精準的倉儲庫存即時管理、快速的海外配送專業渠道以及機敏的特色專業化銷售策略，這些都深受廣大跨境電商企業的青睞。隨著跨境電商海外市場競爭的加劇以及對跨境物流要求的持續增長，海外倉已經經歷了長足的發展，遍布世界各地。例如，2016 年 9 月，速賣通菜鳥無憂物流在西班牙馬德里新設海外倉，切實促進西班牙境內「72 小時可達」；2016 年 8 月，跨境電商 FTZCOC 建立愛爾蘭海外倉，與海外名企 Easy2Go（中歐聯邦物流）實現了強強聯合；2016 年 4 月，中國郵政速遞物流聯合英國皇家郵政建設英國海外倉，致力於為跨境電商企業提供更經濟、更便捷、更靈活的一站式跨境貿易服務流程；同月，重慶本土跨境電商企業渝歐公司，在荷蘭阿姆斯特丹首次佈局了海外倉儲體系。

4.3.3.1 中國的傳統跨境電商物流存在的問題

蓬勃發展的跨境電商和躊躇不前的傳統跨境物流模式之間的矛盾愈發尖銳，兩者的嚴重不平衡也制約著中國跨境電子商務的國際競爭實力。當前，中國的傳統跨境電商物流存在 5 個問題，具體表現為以下內容：

（1）配送時間長。速賣通官網上貨物發往美國的商家如果使用中國郵政平常小包，則最長送達時間為 31 天。這說明，一位美國消費者如果在速賣通平臺上下單，時效最長的話，有可能 1 個月以後才能收到貨物。目前，如果使用中國郵政掛號小包或者香港郵政掛號小包，發貨到巴西和俄羅斯等地的妥投時間一般在 20～70 天；而專線物流配送一般需要 20～40 天。在 2016 年上半年的網絡零售熱點投訴問題排行榜中，發貨緩慢問題排名第四，佔比 8.59%。緩慢的派送速度，極大地影響了海外客戶的購買熱情，同時嚴重限制了跨境電商的深入發展。

（2）難以全程追蹤包裹去向。在中國境內，由於國內電子商務物流業的高度信息化，目前已經能夠即時追蹤查詢包裹動態。然而，跨境物流是由境內段和境外段兩部分構成的。大量貨物出境後，就無法查詢動向了。對於物流業成熟、語言溝通順暢的歐美國家，情況相對有利，客戶可以在對應的外文網站查詢運輸單號。然而相比之下，小語種國家以及物流體系尚未健全的國家，語言差異較大，缺乏專業的翻譯人才，物流信息化程度偏低，導致國內外配送信息系統無法對接，最終難以查詢包裹的投遞信息。所以，為了提升跨境包裹的全程追蹤能力，一方面需要國外段物流行業提高自身信息化程度，另一方面需要大力推動國內段派送方與國外段物流商的緊密合作，達成

信息系統的無縫對接,切實完成跨境貨物全程追蹤的目標。可想而知,這將是一項長久的浩大工程。

(3) 清關障礙多。不同於國內物流,跨境物流最大的特徵在於它需要通過兩道海關環節:出口地海關和目的地海關。對於出口跨境電商而言,跨境物流的障礙在於目的地海關的扣貨查驗,可能會出現 3 種情況:直接沒收、貨物退回發件地以及要求補充資料文件再放行。前兩種帶來的損失是不言而喻的,而第三種情況極大地延長了派送時間,很有可能會導致消費者的投訴甚至拒絕付款。造成清關障礙的原因主要是:跨境電商企業不夠關注目的地的相關政策法規,例如故意報低貨物價值以及未依法獲取相關產品的質量認證;目的地海關設置貿易壁壘限制進口外國商品,比如,2012 年 7 月 27 日美國商務部裁定向中國製造的風力發電設備徵收高達 3%的反傾銷稅;個別目的國海關僅依靠人力清關,效率低下,信息系統極不完備,最終導致跨境物流配送週期的無意義延長。

(4) 破損丟包現象普遍。當前跨境物流市場,郵政包裹仍占據主導地位,不可避免地會出現包裹破損甚至丟包的情況。因為從收件到最終商品配送至客戶手中,通常轉運次數會達到四到五次甚至更多,因此包裹破損丟包事件極易發生。例如,速賣通的商家反應,聖誕節前後發往海外的商品丟包率高達 70%。種種現象不僅無法有效提升買家的購物體驗,造成商家被迫承擔一些不必要的損失,如商品、運費等,最終還會導致客戶的流失。

(5) 退換貨困難。退換貨問題是在任一正常的商業交易中都不可避免的。但是,大多數物流模式都很難協助賣家完成退換貨服務,原因歸結為以下三點:跨境物流配送週期長、反向物流費用高以及退換貨這種進口行為易受海關查驗。而一項對歐洲消費者的調查顯示,54%的人在跨境購物前會考慮退換貨問題,27%的人指出高昂的退換貨費用會阻礙他們進行跨境平臺購物,23%的人認為清晰的退換貨政策是其海外購物的前提。由此可見,跨境電商賣家在退換貨方面仍需要加大改進力度。

4.3.3.2 海外倉優勢

相較之下,海外倉之所以受到跨境電商企業的青睞、中國政府的重視以及海內外媒體的推崇,是因為其有著不可替代的幾點創新優勢。

第一,海外倉使得物流成本有力降低。海外倉儲提前將貨物儲存在海外倉,再從當地海外倉批量運送商品,而海外倉多是靠近四通八達的交通網絡的,因此其物流費用是遠遠低於零散的國際快遞運貨的,僅相當於國內快遞的成本。比如,使用 DHL 物流從中國發貨到美國,價格為 124 元每千克,而海外倉在美國配送僅需要 5.05 美元(約 35 元)每千克。

第二,海外倉能夠加快物流時效性。跨境商家在海外倉儲提前準備商品,這樣節省了頭程運輸時間,海外倉直接實行本地配送,從而加快了配送速度,有力縮短了配送時間,有效錯開跨境物流高峰期,保證了跨境物流的時效性。物流服務本土化是取得消費者信任,提升顧客滿意度的有效途徑。例如,中國賣家從中國發貨到英國,DHL 需要 5~7 天,FedEx 需要 7~10 天,而 UPS 則需要 10 天以上,而如果使用海外

倉，當地配送僅需要 1~3 天的時間。

第三，海外倉支持退換貨申請。商業貿易通常伴隨著退換貨申訴問題，其原因大致有貨物破損、丟包、短裝、貨物有誤等問題。如果商家建立海外倉儲體系，可以運用海外倉完善客戶關心的售後服務，從而縮短了物流週期，解決了消費者的後顧之憂，提高銷售業績。

第四，使用海外倉有利於開拓市場。一方面是因為海外倉在地理位置上更接近海外消費者，賣家只需注意品牌推廣，運用口碑行銷等策略即可達到事半功倍的效果，占領更多的潛在市場，從而迅速擴大商品銷量。另一方面是因為商家對待選品問題態度更為嚴謹了。只有在保證質量，提供符合本地客戶需求的產品的前提下，賣家才能實現真正的盈利與長足的發展。

當然，海外倉是一把雙刃劍。作為一種新興跨境物流模式，海外倉模式有其自身的長處與發展潛力，同時也相應地存在著不足。海外倉儲並不適用於所有的跨境電商企業。海外倉的主要缺點在於倉儲費用高，庫存壓力大，資金週轉不便。倉儲成本是按天計算的，商家的商品在海外倉存放一天，商家就需要承擔一天的倉儲費用。如果商品不夠適銷對路，則會造成商品積壓，庫存壓力增大，過多的存貨一定程度上占用了賣家的資金，最終造成跨境電商企業資金週轉不便。

4.3.4 跨境電商物流發展方向

第一，國家需從宏觀上對跨境電商的物流發展模式進行總體規劃，不斷加強跨境物流基礎設施建設，制定促進、推動第三方跨境物流發展的相關政策。具體包括，加快對中心城市、交通樞紐、物資集散地、港口和口岸地區的大型物流基礎設施的建設和統籌規劃，充分考慮物資集散通道、各種運輸方式銜接能力以及物流功能設施的合理配套，兼顧近期運作和長遠發展的需要、自身特點和周邊環境設施的匹配。

第二，完善相關法律法規，營造良好的建倉環境。中國政府相關部門應以現有的物流與倉儲方面的法律法規為根據，結合海外倉與跨境物流的特性，制定完善的法律法規。在制定海外倉相關法律法規的過程中，應針對信息安全及信用問題完善法律法規，為海外倉與跨境電商企業協調發展營造較好的法制環境。同時，在制定法律法規時，不應該只以國內情況為參考依據，也應注重與相關的國際法律相協調。並且，對於自建倉及租用倉等不同模式的海外倉，制定法律的側重點也應該有所不同。此外，相關部門必須改善企業在建立海外倉過程中，在海關、國稅局及質監局等部門花費較多時間及金錢的局面。具體做法為應通過建立綜合性服務網站及電子化監管平臺，將各部門的職能集合，簡化建倉所需流程，提高通關效率，並實現有效監管。

第三，跨境物流企業展開積極探索，尋求適應中國發展的跨境物流模式。第三方跨境物流企業在為跨境電商交易雙方提供服務時，要根據跨境貿易發展的新特點、新趨勢，不斷創新物流模式。為解決包裹的跨境全程追蹤問題，一方面，國內跨境物流企業可以與國外物流企業進行合作，通過海外委託代理、海外併購等形式，將境內和境外信息系統進行對接，實現對包裹的一站式追蹤，同時學習引進境外已經完善的物流管理系統，根據中國中小外貿企業開展跨境電商的階段特徵，探索出適合中國發展

的第三方跨境物流模式；另一方面，相關企業和單位可利用雲技術、GPRS衛星系統，探索對包裹進行即時監控的可能性。

　　第四，構建虛擬海外倉，避免庫存滯銷風險。出口企業應構建虛擬海外倉，將開設在目的銷售地區的門店當成自身跨境海外倉。虛擬海外倉並非真實存放貨物的倉庫，出口企業應將在外海的全部門店結合起來，構成大規模的虛擬海外倉。具體而言，出口企業應在自身所有線下門店，存放較多數量的貨物庫存，再利用信息共享系統優勢，掌握所有門店的庫存信息，依據線上訂單採取就近原則，進行商品配送。企業通過構建虛擬海外倉，可實現就近地區商品配送，有利於縮短物流時間，提高企業自身利潤。並且，通過構建虛擬海外倉，可將貨物分散在線下各個門店，節省自建或租用倉儲費用。此外，線下門店可向消費者提供更多便捷的售後服務，退貨換貨方便，增加消費者信任，提高市場佔有率。並且企業即使遭遇退貨也可將商品返回本土倉庫，減少自身損失。

　　第五，提供高質的本土化服務，提高市場佔有率。提高海外消費者的滿意度，是出口企業建立海外倉的目的。企業海外倉應實現本土化營運，向消費者提供高質量的本土化服務，以擴大企業海外市場佔有率。首先，在建立海外倉時就應組建本土化的經營管理團體，以本地實際情況及特點為依據，決定倉庫的規模大小。其次，應注重向消費者提供本土化語言、本土化支付方式及本土化發貨。在本土化文化及語言方面，出口企業應通過問卷調查及考察方式，瞭解本土習俗、法律法規等，進而進行針對性的服務，並製作目標市場當地語言版本的網站，吸引客戶。在本土化支付方式方面，必須謹慎選擇合適的第三方支付平臺，提供本地化支付接口，實現本地化支付。在本地化發貨方面，應在目標國本地倉庫儲存足夠數量的商品，從本地倉及時發貨，減少物流環節，提高效益。最後，出口企業還應注重本土化銷售及推廣環節，保持一定數量的客戶源。

　　第六，完善管理信息系統，提高海外倉配置效率。出口企業應做好海外倉的管理工作，增強海外倉的專業性。企業應利用大數據技術，加強自身物流信息基礎建設，完善信息管理系統，減少物流成本。跨境企業應建立涵蓋國內外物流信息的權威平臺，將商品在各直銷、分銷渠道上的訂單信息、訂單追蹤、訂單錄入等，進行匯集及統一管理。同時，應及時掌握企業跨境海外倉的庫存信息及物流進度，實現國內企業與跨境海外倉的高效協同營運管理，達到提高物流運轉速度，為消費者提供良好服務的目的。此外，企業應通過充分運用大數據優勢，通過數據分析當地消費者的商品購買行為及消費習慣，提高市場需求預測精確度。企業在此基礎上進行備貨和運貨，可提高跨境海外倉的貨物配置效率，避免不必要的庫存堆積，提高海外倉利潤。

　　第七，採用新型合作模式，提高風險防範能力。出口建倉企業必須具備風險意識，做好在目標國建倉的可行性分析，杜絕外部因素對海外倉產生不利影響。企業可採用新型合作模式，提高風險防範能力。一方面，海外倉企業可採用公共基礎設施中的公私合作PPP融資模式，通過契約方式，與當地政府形成契約合作夥伴關係，謀取共同發展。具體而言，出口企業可與當地政府部門共同融資、共同經營跨境海外倉。由此，企業與政府共同承擔海外倉出現的資金危機或利益風險，減少企業自身風險。另一方

面，出口企業建立海外倉可採取混合式運用模式，從多數跨境物流模式中，選取兩種或兩種以上跨境物流模式。例如，可選取物流專線+邊境倉+海外倉、物流專線（國際快遞）+海外倉。尤其是複雜、多變的海外市場應優先採用混合式合作模式，減少物流運轉，降低跨境物流風險。

4.4　跨境電商法律監管問題

4.4.1　國際電子商務立法現狀

聯合國國際貿易法委員會於1996年通過了《聯合國國際貿易法委員會電子商務示範法》，其中規定了有關電子商務的若干基本法律問題。雖然它只是電子商務的示範法律文本，不屬於國際條約，也非國際慣例，卻能為各國完善有關電子商務的現行法規和制度提供一些建設性的啟示，填補立法空白，為全球化電子商務創造一個良好統一的法律大環境。

歐盟關於電子商務的立法主要來源於1999年通過的電子簽名指令以及2000年通過的電子商務指令，這兩部法律是奠定歐盟各國電子商務立法的基礎規範。

美國在電子商務方面的立法相對完善，涉及統一商法典、統一計算機信息交易法和電子簽名法等多部法律。其中為美國網上計算機信息交易提供基本法規範的是統一計算機信息交易法，雖然它缺乏直接的法律效力，但這部法律仍然具有模範法的性質。

4.4.2　中國現有跨境電商法律介紹

電子商務與國際市場相聯結，遂產生跨境電商議題，而在一國國內法領域，調節跨境貿易之前應立足於國內的電子商務現狀。中國的電子商務發展可謂是「後起之秀」。儘管同發達國家相比起步時間稍晚，然而歷經20多年的發展，已經取得舉世矚目的成就。

電子商務逐漸改變我們生活方式的同時，也在法律層面上呈現出我們之前未曾遇到過的難題：電子商務交易主體法律地位如何界定？消費者網購的商品產生問題時如何維權？消費者的個人隱私與信息如何保護？網絡交易平臺上賣家的合法權益如何保障？等等。這些難題如果無法得到妥善有效的解決，必然阻滯中國電子商務市場的健康發展。當這些難題延伸到跨境貿易之中，在跨越一國邊界的形勢之下則會變得更加複雜。歸根究柢，上述難題產生的原因在於跨境電商具有不同於傳統貿易模式的特點，完備的法律體系還未能制定。電子商務立法的工作已經成為近些年來國內學者討論的熱點問題。

中國電子商務立法體系的發展分為兩個階段：其一是理論探索時期，時間跨度為2000年至2013年，主要特徵為分散型立法模式；其二是實踐起步時期，時間為自2013年起至今，突出表現為集中型立法模式。

自1996年聯合國國際貿易法委員會頒布《聯合國國際貿易法委員會電子商務示範

法》起，各國紛紛開始了對於電子商務領域立法的探索。中國也將對電子商務活動的監管提上議程——儘管一開始中國並沒有專門的電子商務法律出抬，採取的是在不同的法律中進行滲透的方式，以解決現實中出現的眾多難題。

中國1999年頒布施行的《中華人民共和國合同法》確認了電子商務合同形式的合法性；2001年審議修正的《中華人民共和國著作權法》第十條規定信息網絡傳播權也屬於著作權的保護範圍；2004年通過了規範中國電子商務領域的第一部專門法《中華人民共和國電子簽名法》，具有里程碑式的意義。同時，國家修改了《中華人民共和國網絡安全法》《中華人民共和國反不正當競爭法》《中華人民共和國侵權責任法》《中華人民共和國消費者權益保護法》等法律，逐漸地將電子商務活動的方方面面納入法律體系中進行調整。此外，為應對電子商務迅速發展所引發的問題，相關部門制定了大量的行政法規，這一系列法律法規的制定為促進電子商務的健康發展、維護網絡市場秩序起到重要作用。

此外，不得不提的是2018年8月31日，十三屆全國人大常委會第五次會議表決通過了《中華人民共和國電子商務法》（下文簡稱《電子商務法》）。該法是一部針對電子商務的綜合性的法律，標誌著中國電子商務立法進入實踐階段，其內容涵蓋電子商務交易主體、服務與保障、跨境電商、監管與法律責任等方面，對電子商務第三方平臺、電子合同、電子支付、快遞物流、爭議解決、消費者權益保護等熱點問題均作出明確規定。當前，與電子商務相關的規定散見於多部法律法規中，《電子商務法》的出抬有望解決分散式立法模式以及法律層級、效力不夠高的問題，彌補電商監管中存在的盲區和漏洞，促進電子商務的良性發展。

隨著「互聯網+」理念的提出，跨境電商成為中國對外貿易發展的新引擎，有助於擴大中國域外銷售渠道，提升中國產品的市場競爭力，實現中國對外貿易的轉型升級。

第 5 章　中國跨境電子商務試點城市

5.1　建設概況

在 2018 年《政府工作報告》「堅持對外開放的基本國策，著力實現合作共贏，開放型經濟水準顯著提升」小節中，李克強總理指出，過去五年的政府工作中，「倡導和推動共建『一帶一路』，發起創辦亞投行，設立絲路基金，一批重大互聯互通、經貿合作項目落地，設立上海等 11 個自由貿易試驗區，一些改革試點成果向全國推廣。改革出口退稅負擔機制，退稅增量全部由中央財政負擔，設立 13 個跨境電商綜合試驗區，國際貿易『單一窗口』覆蓋全國，貨物通關時間平均縮短一半以上，進出口實現回穩向好」。

從 2015 年 3 月 7 日設立首個中國（杭州）跨境電子商務綜合試驗區以來，中國共批覆設立 35 個跨境電商綜合試驗區。

2015 年 3 月 7 日，國務院正式批覆設立杭州跨境電商綜合試驗區，明確要求通過制度創新、管理創新和服務創新為全國跨境電子商務健康發展提供可複製、可推廣的經驗。杭州跨境電子商務綜合試驗區在短短的時間內已經取得了較好的成效，在探索「六大體系兩大平臺」，即信息共享體系、金融服務體系、智能物流體系、電子商務信用體系、統計監測體系、風險防控體系和「單一窗口」平臺線下的綜合園區平臺方面做了積極的嘗試，為中國跨境電子商務發展探索出了一些新的範式。

但僅從一個城市的試驗還難以形成全國通行的做法。因此，有必要擴大試點，為全國跨境電子商務健康發展探索出更多值得複製推廣的經驗。而選擇相關城市，從國家層面來看，主要出於四個方面的考量：一是具有複製推廣杭州「六大體系兩大平臺」經驗做法的基礎和條件；二是該地區外貿進出口規模在全國領先，原則上重點考慮全國外貿進出口規模排名前 10 位的省市，同時兼顧中西部的發展，考慮到東中西部的合理佈局；三是該地區跨境電子商務的交易規模較大且在國內排名居前；四是當地政府高度重視跨境電商發展且提交的工作方案具有創新性。

2016 年 1 月 6 日，國務院常務會議決定，在天津、上海、重慶、合肥、鄭州、廣州、成都、大連、寧波、青島、深圳、蘇州這 12 個城市設第二批跨境電子商務綜合試驗區。新設立的 12 個跨境電子商務綜合試驗區借鑑了杭州的經驗和做法，並結合本地產業結構、區位優勢、發展重點等多方面因素，因地制宜出抬先行先試的舉措；突出本地特色和優勢，著力在跨境電子商務 B2B 相關環節的技術標準、業務流程、監管模式和信息化建設等方面先行先試，以更加便捷高效的新模式釋放市場活力，吸引大中

小企業集聚，促進新業態成長，推動大眾創業、萬眾創新，支撐外貿優進優出、升級發展。

2018年7月24日，國務院同意在北京、呼和浩特、瀋陽、長春、哈爾濱、南京、南昌、武漢、長沙、南寧、海口、貴陽、昆明、西安、蘭州、廈門、唐山、無錫、威海、珠海、東莞、義烏22個城市設立跨境電子商務綜合試驗區。

總體而言，作為一個頂層設計的戰略決策，推動跨境電子商務綜合試驗區建設，是深化外貿體制改革、培育外貿競爭新優勢的一項重要舉措。目的是通過制度創新、管理創新、服務創新和協同發展，破解制約跨境電子商務發展中深層次的問題和體制性的難題，打造跨境電子商務完整的產業鏈和生態鏈，逐步形成一套適應和引領全國跨境電子商務發展的管理制度和規則，促進中國的跨境電子商務加快發展，為中國經濟發展和外貿轉型升級提供助力；力爭到2020年，中國跨境電子商務佔進出口貿易的比重達到30%，基本形成一套適應跨境電子商務發展的管理制度和支撐體系。

跨境電子商務是新興行業，中國採取建設試驗區的方式探索發展思路，旨在把試驗區初步探索出的發展經驗廣泛應用於其他區域。本節以杭州、上海、重慶為例進行介紹。

5.2　杭州跨境電商綜合試驗區

杭州是中國最大電商阿里巴巴集團所在地。作為中國電商產業孵化地，杭州是跨境電商發展先驅。其跨境電商交易額從2014年的不足2,000萬美元，快速增至2017年的99.36億美元，產業規模增長了近500倍。跨境電商已經成為杭州外貿發展的新動能和產業轉型的新引擎。杭州跨境電商產業園已輻射全市，下轄江干、空港、下城、臨安、下沙等五大園區。杭州實驗區的設立極具正外部性，不但領跑全省外貿增速，還間接帶動了全省的外貿發展。2016年杭州地區進出口總值佔全省18.5%，同比增長11.7%。2016年「雙11」期間，杭州首次利用智能物聯設備的海關，將通關效率最高提升一倍。杭州跨境電商綜合試驗區建設了六大體系、兩大平臺。其中六大體系囊括信息、金融、物流、信用、統計監測和風險防控六方面，兩大平臺為單一窗口業務辦理平臺與綜合園區行業集聚平臺。杭州綜合試驗區的設立是國內跨境電商的標誌性事件，代表政府對跨境電商的重視。各地跨境電商可根據實際情況借鑑杭州經驗，根據自身優勢創新發展跨境電商。

5.2.1　杭州發展跨境電子商務綜合試驗區的優勢

5.2.1.1　高度開放的經濟體系

開放型經濟是杭州經濟發展最大的優勢。借助於開放的體制、機制和市場准入政策，杭州能夠有效吸引跨國機構集聚、共同參與全球資源配置，並通過大力實施「走出去」戰略，形成了外向型經濟。杭州是「中國服務外包示範城市」，擁有「國家軟

件出口創新基地」「中國制筆出口基地」「中國球拍出口基地」「浙江省農輕紡出口基地」「浙江省機電產品出口基地」「浙江省科技興貿創新基地」等國家級、省級出口基地。此外，杭州還擁有保稅物流中心（B型）、「境外經濟貿易合作區」（華立泰中羅勇工業園）等。被批覆建設的跨境電子商務綜合試驗區需要一個高度開放的環境，杭州逐步發展形成的開放型經濟優勢將有利於綜合試驗區的快速建設。跨境電商綜合實驗區所天然具備的開放拓展性，有進一步促進杭州形成開放型經濟的新優勢，如此反覆地良性循環，勢必加強杭州的開放程度。

5.2.1.2 率先試行的政策紅利

進入信息化時代以來，杭州先後被列為國家信息化試點城市、國家「九五」電子商務應用試點城市、「十五」國家電子商務應用示範城市、「中國電子商務之都」等。2012年12月，杭州被國家發改委、海關總署確立為全國首批的5個跨境電子商務服務試點城市中的一個。2015年3月7日，國務院批覆同意設立中國（杭州）跨境電子商務綜合試驗區，杭州市再次獲得了「先行試點」的機會。先行先試的扶持政策始終貫穿於杭州社會經濟發展的方方面面。

5.2.1.3 日臻完善的服務體系

杭州是長江三角洲城市群中心城市之一，交通基礎設施完善，對外貿易條件十分優越。杭州作為中國民營經濟最為發達的城市之一，是中小微企業信息服務集聚地，市場經濟高度發達，民間資本非常充裕，信息產業人才濟濟，服務體系領先全國。從各方面來看，杭州具有發展跨境電子商務的良好產支撐服務體系。第三方支付平臺支付寶、新媒體領軍企業華數電視、智能物流平臺菜鳥網絡，以及網易考拉、熙浪等代表性企業，共同支撐起杭州的電商服務體系。

5.2.1.4 發展成熟的電商產業

杭州之所以被稱為「中國電子商務之都」，主要歸功於其發展成熟的電商產業。經過10多年的探索與發展，杭州已形成一個龐大的電商產業矩陣。最具代表性的「航空母艦」阿里巴巴一馬當先，2016財年網絡在線零售額超過3萬億元，超越了沃爾瑪成為全球最大的零售平臺，旗下的螞蟻金服、阿里速賣通、1688等平臺也引領著全球跨境電子商務的發展。此外，網盛生意寶、卷瓜科技、珍誠醫藥、明通科技、浙江盤石、佑康電子商務、和平鋼鐵網、泛城科技等一批電子商務企業和信雅達、新中大、恒生電子、浙大網新等軟件提供商緊隨其後。

5.2.2 杭州發展跨境電子商務綜合試驗區的戰略思路

5.2.2.1 明確以跨境電商服務業為發展重點

在杭州，具有代表性的阿里巴巴是一家極具影響力的互聯網企業，它最大的競爭優勢並非技術壁壘，而是擁有龐大的用戶群和數據，可以提供極致體驗的、全產業鏈、全方位的跨境電商服務。這使杭州最有希望也最有可能成為中國跨境電商服務業的中心。

杭州跨境電商綜合試驗區服務業發展的重點是：跨境電商的進出口服務，全方位為中小微企業提供通關（海關、商檢）、物流（運輸、倉儲）、金融（外匯、核銷、退稅、融資）等進出口服務；跨境電商的品牌服務，包括O2O品牌整合創新、創意產品品牌戰略諮詢、線上線下品牌設計和VI設計、品牌連鎖、產品包裝和視覺行銷、社交媒體和創新行銷以及電商品牌營運管理等；跨境電商的金融服務，從傳統的進出口融資、國際貿易理財、出口擔保等到出口直銷銀行、跨境電商保險、跨境電商理財產品、P2P網貸、眾籌、個人徵信等；跨境電商的醫療服務，包括跨境在線醫療服務、跨境可穿戴設備和醫院數據信息處理，以及未來開放跨境在線行醫等在線醫療服務。

5.2.2.2　「六大體系兩大平臺」

　　杭州跨境電子商務試驗區自批准至今，構建了以「六大體系兩大平臺」為核心的制度體系，堅持發展跨境電商B2B為主導的產業體系，加快跨境電商大數據中心和服務中心建設，初步建立起適應跨境電商發展的新型監管服務體系，並帶動物流、金融、支付、通關等相關服務行業的蓬勃發展，為創業創新和中小企業發展提供了有力支撐。

　　「六大體系兩大平臺」是杭州跨境電商綜合試驗區探索出的一套適合跨境電子商務發展的政策體系和管理制度，這一經驗也將在其他新建的跨境電子商務綜合試驗區推廣。

　　「六大體系」，一是信息共享體系，即實現企業、金融機構、監管部門間信息的互聯互通，企業「一次申報」中各部門可以信息共享；二是金融服務體系，金融機構、第三方支付機構、第三方電商平臺、外貿綜合服務企業之間開展規範性合作，為跨境電商交易提供在線支付結算、在線融資、在線保險等一站式金融服務；三是智能物流體系，通過雲計算、物聯網、大數據等技術和物流公共信息平臺，構建物流智能信息系統、倉儲網絡系統和營運服務系統等，實現物流供應鏈全過程可驗可測可控；四是電子商務信用體系，建立跨境電商信用數據庫和信用評級、信用監管、信用負面清單系統，記錄和累積跨境電商企業、平臺企業、物流企業以及其他綜合服務企業的基礎數據，實現對電商信用的分類監管、部門共享和有序公開；五是統計監測體系，建立跨境電子商務大數據中心和跨境電子商務統計監測體系；六是風險防控體系，建立風險信息的採集、評估分析、預警處置機制，有效防控非真實貿易洗錢的經濟風險，數據存儲、支付交易、網絡安全方面的技術風險，以及產品安全、主體信用的交易風險。

　　「兩大平臺」是指線上「單一窗口」平臺和線下的綜合園區平臺。線上「單一窗口」是與海關、檢驗檢疫、稅務、外匯管理、商務、工商、郵政等政府部門進行數據交換和互聯互通，實現政府管理部門之間信息互換、監管互認、執法互助，為跨境電子商務企業提供物流、金融等全套供應鏈方面的服務。線下的綜合園區平臺，主要是採取一區多園的佈局方式，有效承接線上「單一窗口」的平臺功能，優化配套服務，打造完整的產業鏈和生態圈。

5.2.2.3　業務流程創新

　　杭州跨境電子商務綜合試驗區還先行試點了無紙化通關、金融智能物流、出口業務「無票免稅」等9個方面的創新，初步實現了制度體系的再造、貿易體系的重塑、

產業水準的提升。構建與跨境電子商務相適應的海關監管是跨境電子商務發展的難點，杭州跨境電子商務綜合試驗區相繼推出了跨境零售出口「清單核放、匯總申報」、跨境保稅進口商品「先進區、後報關」、倉庫聯網核查、簡化轉關手續等便利舉措，根據跨境電子商務全程信息化的特點，打造了涵蓋「企業備案、申報、徵稅、查驗、放行、轉關」等各個環節的無紙化流程，實現了跨境電子商務進出境貨物、物品「7×24 小時」通關及全程通關無紙化。

杭州綜合試驗區的重點是發展跨境電商 B2B，引導傳統外貿企業電商化、在線化，通過創新「互聯網+跨境貿易+中國製造」商業模式，重構企業生產鏈、貿易鏈、價值鏈。目前，跨境電商 B2B 已初步實現了信息發布、交易達成、合同簽訂、支付報關、結匯退稅全鏈條在線化，形成了跨境電子商務交易的完整閉環。下一步將繼續推進跨境電子商務 B2B 業務，制定 B2B 業務標準，優化和改進跨境電子商務進出境貨物通關流程；加強「單一窗口」建設，加大與國檢、外管、國稅等管理部門的管理協作；繼續加大科技投入，提升跨境電子商務信息化管理水準，紮實推進跨境電子商務健康發展，形成獨具特色的「杭州模式」，為全國提供可複製推廣的經驗。

過去三年，亞馬遜與杭州綜合試驗區深化戰略合作，「落戶」全球開店杭州跨境電商園；谷歌與杭州綜合試驗區簽訂合作備忘錄，運用數字行銷經驗與平臺，幫助杭州「出海」企業打造品牌；躋身全球跨境電商「四大天王」之列的 Wish 中國也落戶杭州，解決跨境電商人才緊缺問題；全球第三大電子錢包、印度最大的移動支付和商務平臺 Paytm 將其 Paytm Mall 中國總部落戶杭州，幫助中國外貿和製造企業運用電商平臺開拓印度出口市場……截至 2018 年 4 月，包括金融支付、物流倉儲、人才培訓及第三方服務等在內，累計已有 1,421 家跨境電商生態圈企業落戶杭州，為杭州從中國電子商務之都向全球電子商務之都發展打下堅實基礎，綜合試驗區影響力也由此逐漸向全球輻射。

5.3　上海跨境電商綜合試驗區

上海是中國經濟貿易中心，不僅傳統金融業務發達，還擁有大量的創新型第三方支付機構；在物流方面，上海的國際航線密集並且快遞行業發達，同時建有國內首家自由貿易試驗區，基礎雄厚。上海市政府對跨境電商這一新興貿易業態極為重視，於 2015 年 7 月專門印發相關指導意見。上海市於 2016 年 1 月獲批跨境電商綜合試驗區。當前上海市已湧現出 Ebay、Wish、洋碼頭、上海 EMS、跨境通、一號店等一大批國內知名企業。2016 年全年落戶上海的支付、物流、跨境電商企業數量回升，跨境電商公共服務平臺累積服務企業多達 1,020 家，2016 年平臺內共計完成訂單量 1,155 萬，成交額約 25 億元。

5.3.1　政策優勢

上海跨境電商發展已聚集一部分優質資源，未來在不斷擴充行業影響力的同時，

更應關注對各項資源的梳理，將外匯、稅務、商檢等部門實現對接，提供「一點接入、全程暢通」的公共服務。為實現質量精準監管，上海跨境電商公共服務平臺已實現與國家認監委對接。地方服務平臺與國家認監委對接，可降低不合格產品入境的風險。上海市防範跨境電商風險的措施，值得各地借鑑。

上海作為跨境進口電商試點城市之一，除了頻出新條例來作為跨境電商的發展的基石，還建立自貿區和自建跨境進口平臺，起到模範引領作用。在 2016 年 7 月，上海新的支持跨境電商 12 條意見出爐：集聚跨境電商經營主體，完善跨境電商公共服務平臺，發展跨境電商物流體系，設立跨境電商示範園區，鼓勵跨境電商業態創新，優化配套的海關監管措施，完善檢驗檢疫監管政策措施，提升跨境支付與收結匯服務，創新支持跨境電商稅收機制，加大財稅金融支持力度，加強創新研究和人才建設，以及優化市場環境和統計監測等。這在很大程度上激勵了上海市跨境電商的發展。

5.3.2　推進舉措

除了政策方面，上海推進電商發展的另一個優勢是自貿區建設的推進。具體來說，目前上海自貿區正從三方面加強跨境電商運作力度：

一是直郵中國和保稅備貨模式。跨境通 2013 年已經上線，並且不斷完善其結構模式、運作路徑。

二是在保稅區、自貿區，進一步推進前店後庫的新型貿易模式，要逐步形成保稅、完稅、免稅的全鏈條的商業模式運作，打造純展銷一體化的經營模式。

三是推動產地直達的貿易模式，比如依託東航產地直達網絡和線下體驗店，來開展直達貿易。

上海自貿區的發展無疑為跨境電商提供了陽光地帶。同時，自貿區催生的「進口商品直銷」模式——跨境通進口平臺，為業內帶來了新的商業業態，也為其他試點城市提供了模板。

5.3.3　試點內容

作為全國跨境進口電子商務試點城市之一，上海共選擇了兩方面的試點內容，分別是網上直購進口模式、網購保稅進口模式。上海之所以選擇這兩方面的試點內容是基於上海外貿結構中一般貿易好於加工貿易、進口好於出口、保稅區域進出口額全國領先的顯著特點而提出的綜合試點方案。其中直購進口模式最具上海代表性，主要基於上海口岸，面向國內消費者，提供全球網絡直購通道和「行郵稅」網上支付手段。商品在通關前已全部繳付過行郵稅。在機場通關時，海關的工作人員驗證過「跨境通」商品上都獨有的二維條碼，就會安排其走快速的綠色通道。與之相對應，跨境通形成了直郵中國模式和自貿專區模式。採用直郵模式的境外商戶必須在國內設立分支機構或委託第三方機構處理售後服務事宜。採用自貿模式，企業就必須入駐自貿區開設帳冊企業，或在自貿區尋找有資質的代理企業。這也是第一批試點城市中試點範圍最廣的。按照操作流程，消費者通過跨境通網站訂購商品可跨境外匯支付，經電子報關報檢，再經海關徵收個人行郵稅後，商品快速入境並由物流公司送到消費者手中。

上海將會以進口電商為槓桿，持續建立與之相適應的海關監管、檢驗檢疫、退稅、跨境支付、物流等支撐系統，最終成為進口電商集散地和倉儲營運中心。上海本身作為國內數一數二的大城市，經濟發展形勢較好能夠為跨境電商也提供一定的支持；再加上港口的效應，上海作為跨境進口電商的試點城市無疑是明智的選擇，而它本身的發展也證明了此。

5.4 重慶跨境電商綜合試驗區

重慶地處中西部地區，是中西部地區水、陸、空型綜合交通樞紐，形成了電子信息、汽車、裝備製造、綜合化工、材料、能源和消費品製造等千億級產業集群，金融、商貿物流、服務外包等現代服務業快速發展。重慶是中國唯一具有跨境電商服務 4 種模式全業務的試點城市，可進行一般進口、保稅進口、一般出口和保稅出口業務。電子商務逐漸滲透到國際貿易交易中，已成為重慶對外貿易的趨勢。重慶市依據本身發展條件深厚、地理位置優越，並且作為「一帶一路」內陸核心城市的優勢，在發展跨境電子商務方面取得了巨大的成就。2015 年，重慶跨境電子商務發展迅猛，全年交易額接近 8 億元，同比增長 12 倍。截至 2015 年 11 月底，重慶已備案電商及相關企業 248 家，並且首次實現跨境電商交易額單月破億元。

現階段，重慶跨境電商模式中，B2B 依然占據主要地位，跨境出口貿易中的 B2C 跨境電商模式還有很大的成長空間。重慶應著力促進跨境電商 B2C 發展，以其更加便捷高效的新模式釋放市場活力，促進企業效率提升，效益更進一步，支撐外貿優進優出、轉型升級發展。

2016 年，重慶市人大代表考慮到江津地區優越的地理位置和潛在的發展動力，建議將江津列入重慶跨境電子商務綜合試驗區重點區縣。江津區在地理位置上看，位於重慶市西南部，以地處長江要津而得名，是長江上游重要的航運樞紐和物資集散地，也是川東地區的糧食產地、魚米之鄉。2017 年 1 月 17 日，國務院批覆重慶市人民政府、海關總署的請示，同意設立重慶江津綜合保稅區。江津綜合保稅區位於江津珞璜工業園，規劃面積 2.21 平方千米，緊鄰重慶城市發展新區借江出海重要港口、年吞吐量 2,000 萬噸的珞璜長江樞紐港，以及年貨運量 1,500 萬噸的珞璜鐵路綜合物流樞紐，具有水陸聯運優勢，將成為串聯「一帶一路」與長江經濟帶的重要口岸、渝昆泛亞鐵路大通道重要節點、中歐國際鐵路大通道新起點。在江津開展跨境電子商務綜合試點，有利於重慶機械製造等傳統支柱產業的轉型升級和市場拓展；有利於整合江津開放平臺體系更好地配合重慶開展國際貿易；有利於跨境綜合試驗區貿易監管；有利於憑藉江津市場和渠道優勢，利用國際國內兩個市場實現重慶更廣闊的發展。

重慶跨境電子商務綜合試驗區的機遇可歸納為兩個方面。

（1）城市地位。重慶是中西部地區水、陸、空型綜合交通樞紐，也是「一帶一路」在內陸的核心城市。懸掛在聯合國大廳的世界地圖上，僅僅標出了中國四個城市的名字，其中一個就是重慶。跨境電商綜合試驗區利用重慶獨有的特色和重慶本身重要的

城市地位，在電子信息、汽車、裝備製造、綜合化工、材料、能源和消費品製造等方面集聚了一大批千億級進出口產業，大力加強推進跨境電商主體 B2B 模式相關環節的發展。同時，配套的金融、商貿物流、服務外包等現代服務業也快速發展起來。

（2）物流支撐。在地圖上看，重慶位於中國西部和中部結合處偏西南，長江上游，四川盆地東部邊緣，連接中國 11 個省市區。重慶是中國西部唯一集水、公、鐵、空運輸方式為一體的交通樞紐，所以，重慶是「一帶一路」中的內陸核心。重慶擁有珞璜鐵路綜合物流樞紐和長江樞紐港兩大物流樞紐，有利於提速重慶與其他地區跨境貿易交流，促使產業轉型升級和市場拓展。重慶開通「渝新歐」班列，列車從重慶出發，比海運省時近一個月，極大地節省了物流成本，提升了重慶在運輸領域的競爭力。

第二部分　實訓

第 6 章　實訓基本操作

6.1　實訓概要

6.1.1　實訓目標

在經濟和信息全球化的背景下，跨境電子商務發展空間巨大，已經成為企業開拓海外市場的重要方式，已經滲透到經濟生活的各個方面，但是與之匹配的人才培養現狀卻比較滯後。傳統企業轉型電子商務，個人或實體轉型電子商務或在自主創業中常會遇到產品拍攝、圖片處理、店鋪裝修、推廣營運、客服售後、物流結算、人員培訓等各種難題，由此產生了創業失敗、產品銷售不出去等諸多問題。

跨境電子商務是將傳統的國際貿易與電子商務有機地結合起來，實現在不同國家或地區的買賣雙方通過電子商務平臺完成交易，是目前國際貿易發展轉型和升級的新思路。跨境電子商務可以作為相關專業的實訓課程體系或創業培訓課程體系的引進，旨在培養能在跨境電子商務平臺從事貿易活動的高素質複合型技能人才。

6.1.2　實訓內容及技能培養

（1）跨境電商資源庫的實訓內容包含跨境電商相關概念、國內發展狀況、產業新聞等，載體形式表現為文本、PPT、語音、視頻等多種格式。

（2）跨境支付。

（3）電子商務交易平臺：敦煌網、速賣通、阿里國際站。

（4）跨境電商線下操作：包含完整的國際貿易流程，從簽訂合同開始，學生可操作申請產地證、報檢、報關、出運、收匯等全套國際貿易實務。

（5）跨境物流：海運、陸運、空運、小包、快遞、倉儲。

實訓培養技能、職業技能、主要能力如表 6-1 所示。

表 6-1　　　　　　　　實訓培養技能、職業技能、主要能力

實訓培養技能	職業技能	主要能力要素
跨境電子商務人才是複合型、應用型人才。軟件培訓以提高學生的實際應用能力為最終目標，其所需的專業能力和職業素質涵蓋英語、物流、電子商務、國際貿易、計算機、工商管理、市場行銷等各專業	語言技能	閱讀能力：在英文國際網站上查找並獲取最新資訊 語言技能寫作能力：進行產品英文描述，與外國買家進行在線英語溝通
	電子商務技能	進行商品拍攝、圖片處理、店鋪裝修、產品發布與下架、價格設置，熟悉在線交易流程、支付與配送、客戶服務
	國際貿易技能	熟悉國際貿易規則、操作、交易程序 熟悉國際快遞、國際貿易技能、海外倉儲等國際物流知識
	市場行銷技能	熟悉產品採購、網絡行銷、客戶需求分析，進行海外零售市場調研、預測
	拓展技能	熟悉相關的法律法規，具備企業管理、財務管理、綜合拓展、人力資源管理、客戶維護、知識產權管理、品牌形象管理等各項綜合能力；具有團結協作的精神和創新意識

6.1.3　對學生的實訓要求

（1）遵守相關法律法規，不得在網上發表違法言論。

（2）按實習內容，認真進行準備，積極展開調查活動，刻苦學習，並做好實習日記。

（3）在實習期間應盡可能地多做業務，熟練掌握跨境電商相關環節的主要業務及操作技巧。

（4）依據具體實驗項目要求進行操作，完成實習報告。

6.2　單據填製方法

將鼠標移到要打開的單據上，點擊出現在右上角的「修改」按鈕，即可打開單據進行填寫。具體可參考「幫助」中的「單據樣本」。

單據界面分為上下兩部分，上半部分（見圖 6-1）是當前打開的單據，下半部分（見圖 6-2）是填寫時可供參考的單據填寫幫助及其他單據。

6.2.1　檢查單據

在制單過程中，可隨時點擊第 1 個紅色「！」按鈕來檢查單據，在單據中對應欄位上會顯示紅色驚嘆號，表示該欄填寫錯誤。

同時，點擊「！」按鈕檢查後，如果單據最上方標題處顯示綠色的「√」，說明單據填寫達到正確率要求，可以使用；如果顯示紅色的「×」，則說明單據填寫未通過，需要繼續修改。

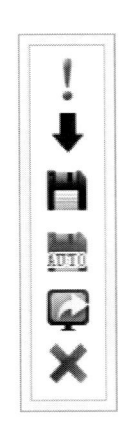

图 6-1 上半部分窗口使用方法

图 6-2 下半部分窗口使用方法

6.2.2 提示單據幫助

點擊左邊小菜單中的第 2 個箭頭按鈕，再點擊要查看填寫幫助的任意欄位，界面下半部分中的幫助即可自動切換到相應位置，據此進行填寫即可。

6.2.3 保存

點擊左邊小菜單中的第 3 個按鈕，即可保存單據。

6.2.4 查看答案

點擊左邊小菜單中的第 4 個按鈕，可自動填寫單據（該功能必須由老師開放後才能使用）。

6.2.5 導出

點擊左邊小菜單中的第 5 個按鈕，可將單據自動在新窗口中以圖片的形式打開。如果需要保存該單據圖片，可直接在圖片上點擊右鍵，選擇「圖片另存為」，將圖片保存到自己的電腦上。

（1）調整窗口大小：菜單左邊 4 個按鈕，代表不同的上下窗口大小比例，可根據需要點擊調整；

（2）點擊最右邊的小按鈕，可將菜單收起。

6.3　商品包裝計算

要計算商品的毛淨重和體積，首先需查看商品詳細資料（如圖6-3）。

基本信息					
商品編號	AQ-003				
商品名稱	时尚太阳镜 Fashion Sunglasses				
销售单位	副(PAIR)				
规格型号	镜架材料：金属，镜片材料：树脂，可见光透视率：85% Frame Material: Metal, Lens Material: Resin, Visible light clairvoyant rate: 85%				
包装信息					
包装种类	纸箱	包装单位	箱(CARTON)	每包装单位=180销售单位	
毛重	7.00KGS/箱	净重	5.00KGS/箱	体积	0.0216CBM/箱
运输说明	适合空运				
监管信息					
CIQ代码	11280111	检验检疫类别		检验检疫类目	
HS编码	9004100000	海关监管条件		法定单位一	副
比例因子一	1	法定单位二		比例因子二	

圖6-3　商品詳細資料

6.3.1　計算包裝數量

對銷售單位與包裝單位相同的產品（每包裝單位＝1銷售單位），包裝數量＝合同中的銷售數量。

對銷售單位與包裝單位不同的產品，包裝數量＝銷售數量÷每包裝單位數量（注意：包裝數量有小數點時，必須進位取整）。

6.3.2　計算毛淨重

在計算重量時，對銷售單位與包裝單位相同的產品（每包裝單位＝1銷售單位），可直接用合同中的銷售數量×每箱的毛（淨）重。

對銷售單位與包裝單位不同的產品，須先根據單位換算計算出單件的毛（淨）重，再根據銷售數量計算總毛（淨）重。

6.3.3　計算體積

總體積＝包裝數量×每箱的體積

6.4　海運集裝箱數量核算

在海運中，目前大多採用集裝箱運輸，根據貨量不同，又分整箱貨與拼箱貨。出口商在委託貨代訂艙時，需要計算集裝箱可容納的最大包裝數量來核算該用整箱還是拼箱，以節省海運費。常用集裝箱的規格如表 6-2 所示。

表 6-2　　常用集裝箱的規格

箱型	普通集裝箱			冷凍集裝箱		
尺寸	20′	40′	40′高	20′	40′	40′高
代碼	GP	GP	HC	RF	RF	RH
最大體積（CBM）	33	67	76	27	58	66
最大重量（KGS）	25,000	29,000	29,000	21,000	26,000	26,000

根據產品的總毛重和總體積，結合航線運費，來計算需要裝多少個集裝箱（毛重和總體積的計算方法可參考商品包裝計算）。

以下計算都以中國上海到德國漢堡航線為例。在「課程首頁」左側的「資料查詢—費用—海運費」中查得該航線運費如圖 6-4 所示。

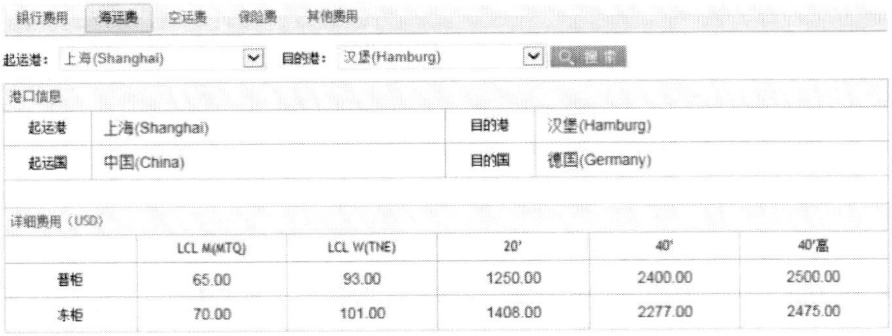

	LCL M(MTQ)	LCL W(TNE)	20′	40′	40′高
普柜	65.00	93.00	1250.00	2400.00	2500.00
冻柜	70.00	101.00	1408.00	2277.00	2475.00

圖 6-4　航線運費

例 1：商品 CH-007 速凍草莓，計算得知總體積 = 26.18 CBM，總毛重 = 14,560 KGS，應該如何裝箱？

解：

從商品資料的包裝描述中可知，該商品需冷藏運輸，因此適用於冷凍集裝箱。參考上面的集裝箱規格表，由於其體積和重量均未超過 1 個 20′凍櫃的最大值，因此該商品可以用拼箱，也可以用 1 個 20′凍櫃來裝。

如果用拼箱：

按體積計算基本運費 = 26.18×70 = 1,832.6（美元）

按重量計算基本運費 = 14,560/1,000×101 = 1,470.56（美元）

兩者比較，體積運費較高，船公司收取較高者，因此拼箱海運費 = 1,832.6（美元）

如果用整箱：

1 個 20′凍櫃的運費為 1,408（美元）< 1,832.6（美元），因此本例中用 1 個 20′凍櫃來裝最為劃算。

例2：商品 AQ-003 時尚太陽鏡，計算得知總體積 = 2.419,2 CBM，總毛重 = 779.56 KGS，應該如何裝箱？

解：

從商品資料裡得知商品非冷凍，適用於普通集裝箱即可。參考上面的集裝箱規格表，由於其體積和重量均未超過 1 個 20′普櫃的最大值，因此該商品可以用拼箱，也可以用 1 個 20′普櫃來裝。

如果用拼箱：

按體積計算基本運費 = 2.419,2×65 ≈ 157.25（美元）（保留兩位小數）

按重量計算基本運費 = 779.56/1,000×93 ≈ 72.50（美元）（保留兩位小數）

兩者比較，體積運費較高，船公司收取較高者，因此拼箱海運費 = 157.25（美元）

如果用整箱：

1 個 20′普櫃的運費為 1,250（美元）> 157.25（美元），因此本例中用拼箱裝最為劃算。

例3：商品 CI-001 黃桃罐頭，計算得知總體積 = 48，總毛重 = 44,880 KGS，應該如何裝箱？

解：

從商品資料裡得知商品非冷凍，適用於普通集裝箱即可。參考上面的集裝箱規格表，用 2 個 20′普通集裝箱來裝是最劃算的。

6.5　產品定價策略

策略1——基於成本定價：

計算方式：產品成本+國際運費+期望的利潤額=價格（如果不包郵，設置運費由買家支付，則可不考慮運費）

計算示例：產品旗袍（編號：AJ-002），在「庫存—訂貨」界面中查得其訂貨成本為「CNY 71.25/PC」，在系統首頁右側「資料查詢—最新匯率查詢」中查到「USD 100 = CNY 660.56」。假設預期利潤為「CNY 20/PC」，試計算產品定價。

解：價格 =（71.25+20）/6.605,6 ≈ 13.81（美元）（保留兩位小數）

如果運費模板設置為「免運費」，則還要將國際運費考慮進成本中。

基於成本的敦煌網定價策略可以讓賣家避免虧損，但它有時可能會導致利潤下降。比如你的顧客可能會樂意為產品支付更多的費用，從而增加利潤；或者你的價格可能

太高，導致你銷售的產品數量較少，利潤下降。

策略2——參考同行、同類商品的價格：

發布產品時，與其單單追求發布的速度，倒不如在每一條產品的發布過程中去搜索該產品在整個平臺的銷售情況。通過搜索，你自然知道銷量較好的價格區間。以此區間為依據，價格不要過低，也不能過高。

很多賣家發布產品時，僅僅根據自己的進貨成本、運費、包裝成本、佣金、匯率、潛在損耗、預期利潤等幾個因素來制定價格，而這樣的定價往往會導致價格過高沒人買，或者價格過低而加劇了整個平臺關於該類產品的價格戰。

參考同行的價格，還可以讓你挖掘出更多的你所未知的信息，比如依據競爭對手的價格，你卻怎麼都核算不出來利潤，對手真的就是虧本賣的嗎？未必。這時候，你自然需要根據對手的銷售價格，以倒推的方式去推研各個環節的成本構成。推研的好處就在於，你會發現很多你未發現的利潤點。比如，推研過程中，你會意識到自己的運費成本過高而去尋找更合適的貨代或發貨方式，你會發現拿貨成本貴了從而尋找性價比更高的供應商，你會知道很多賣家可能是拆掉了原有的大而重的包裝從而來降低成本，等等。

策略3——後續行銷：

行銷活動似乎越來越重要了。店鋪打折、聯盟行銷、平臺大促活動……活動多，意味著可能帶來更好的銷量，但同時，參加行銷活動則意味著成本的增加，利潤率的下降。所以，為了後續的活動，你需要在定價時有所考量，是所有活動都不參加直接定個最低價，還是定個稍微高點的價格，以便參與平臺活動呢？

（1）直接把價格一步到位定到最低價，幾乎不參加任何活動，憑著低價，可以搶到更多的訂單，也減輕了後續為各種活動來回調整價格的麻煩。

（2）從發布產品就定很高的價格，後續可進行持續的高比例打折，依靠高折扣引入較多的流量（平臺搜索結果中折扣在搜索優先中佔有一定的百分比，具體比重多少，屬於平臺內部機密，作為賣家，一般獲取不了各屬性所占搜索權重的數據的），同時還可以保持著較高的利潤率，最重要的是，由於可以保持高折扣率，自然更容易參與平臺大促活動。

策略4——神奇的數字：

從賣家的心理角度出發，可能多一元少一元對自己最終的利潤沒有太大的影響，但是對買家的購買行為卻有很大的影響。比如我們都知道的「0.9元效應」——人們會覺得0.9元比1元錢要便宜很多，購買的慾望會增強很多。

產品定價注意事項：

第一，利潤不要太低，30%～50%的利潤，給促銷活動留出價格空間，引流款適當降低。

第二，參考同行產品價格，但不要和低價的同行打價格戰。參考同行價格的目的是瞭解行情，防止盲目定價造成價格過高或者過低。賣家要在保證利潤的基礎上定價。

第三，因為粗心大意而填錯產品價格的賣家比比皆是，這類問題最典型的代表就是把「LOT」和「PIECE」搞混。有的賣家在產品包裝信息的銷售方式一欄選擇的是

「打包出售」，填寫產品價格的時候，誤把「LOT」當成「PIECE」，填的卻是1件產品的單價。結果，買家看到的實際產品單價也就嚴重縮水了。這也是目前平臺上某些產品的價格低得離奇的一個重要原因。

　　第四，注意貨幣單位。有一些賣家不注意貨幣單位，把美元看成人民幣，數字是對了，單位卻錯了。本來是100人民幣一件的商品，最後顯示出來的實際產品價格成了100美元一件了。這樣的產品價格當然只會把買家嚇跑。

第 7 章　敦煌網

　　跨境電子商務是將傳統的國際貿易與電子商務有機地結合起來，實現在不同國家或地區的買賣雙方通過電子商務平臺完成交易，是目前國際貿易發展轉型和升級的新思路。跨境電子商務可以作為相關專業的實訓課程體系或創業培訓課程體系引進，旨在培養能在跨境電子商務平臺從事貿易活動的高素質複合型技能人才。基本實訓流程如下：

（1）學生登錄後，選擇課程進入，然後在首頁上查看個人資料，修改個人密碼。
（2）進入敦煌仿真實訓模塊。
（3）實訓過程中，隨時查看自己的分數及排名。

7.1　登錄及主界面

　　學生根據老師分配的用戶名、密碼登錄課程。登錄時可選擇語言包含中文、英文。已經成功註冊學習帳號的用戶，請輸入帳號及密碼，點「登入」按鈕即可進入系統（見圖 7-1）。

圖 7-1　用戶登錄界面

　　尚未註冊學習帳號的用戶，請點擊畫面右邊的「註冊」。在如圖 7-2 所示窗口輸入信息後，點擊「確認註冊」按鈕。成功後即可登錄。

圖 7-2　用戶註冊界面

7.1.1　主界面介紹

登錄後，進入「仿真實訓」頁面，選擇相應的課程進入實訓，進入如圖 7-3 所示界面。

圖 7-3　仿真實訓課程主界面

主界面介紹如下：

通知（左上）：教師發布實訓通知。

資料查詢（左中）：包含商品、港口、HS 編碼等資料查詢。

新手入門（左下）：包含系統內相關操作幫助說明。

右側的賣家中心、買家中心均用來進行實訓操作，評價中心可以進行學生間的互評。

7.1.2 成績及排名

在整個操作過程中，可隨時在完成相應任務後在我的成績中查看本人成績（見圖 7-4）。

	考核技能点	得分	说明
总分 49.93		测评时间 2017-09-08 10:16:37	
卖家	语言能力	★★★★☆	能熟练翻译产品资料的英文描述、娴熟处理外贸函电、进行英文沟通
	产品发布类目选择	☆☆☆☆☆	正确选择产品类目
	产品属性选择	★★★☆☆	一个属性等于一个曝光机会
	产品发布标题制作	★★★★☆	核心词汇、修饰词、属性词
	产品主图制作	★★☆☆☆	高质量图片、主体突出、正确选择模特
	定价技巧	★★★★★	掌握产品成本、上架价格、活动价格、利润之间的关系
	速卖通营销能力	★★★☆☆	有效利用店铺促销工具，进行部分产品的打折促销
	订单处理能力	☆☆☆☆☆	及时上传物流单号，及时处理纠纷订单
	掌握跨境物流知识	☆☆☆☆☆	不同国家的运费模板设置
	客户服务能力	☆☆☆☆☆	及时处理买家相关问题、关注物流信息，及时沟通买家

圖 7-4　我的成績

7.2　實訓操作說明

在仿真實訓課程主頁面左側，尋找新手入門，點擊實訓操作流程導航（見圖 7-5），開始敦煌平臺實訓，點擊相關步驟可查看詳細操作說明，在此基礎上完成整個操作流程。

點擊相關步驟查看詳細說明。

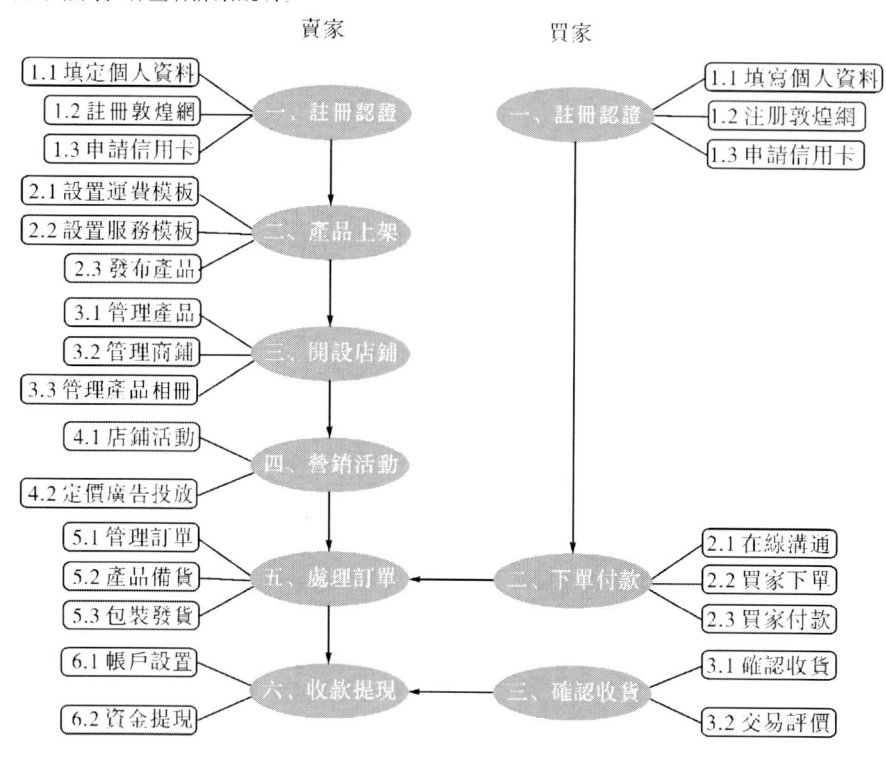

賣家　　　　　　　　買家

- 1.1 填定個人資料
- 1.2 註冊敦煌網
- 1.3 申請信用卡

一、註冊認證

- 1.1 填寫個人資料
- 1.2 注冊敦煌網
- 1.3 申請信用卡

一、註冊認證

- 2.1 設置運費模板
- 2.2 設置服務模板
- 2.3 發布產品

二、產品上架

- 3.1 管理產品
- 3.2 管理商鋪
- 3.3 管理產品相冊

三、開設店鋪

- 4.1 店鋪活動
- 4.2 定價廣告投放

四、營銷活動

- 5.1 管理訂單
- 5.2 產品備貨
- 5.3 包裝發貨

五、處理訂單

二、下單付款

- 2.1 在線溝通
- 2.2 買家下單
- 2.3 買家付款

- 6.1 帳戶設置
- 6.2 資金提現

六、收款提現

三、確認收貨

- 3.1 確認收貨
- 3.2 交易評價

圖 7-5　實訓操作流程導航

7.2.1　註冊認證（賣家）

7.2.1.1　填寫個人資料

在正式開啟敦煌網實訓歷程前，我們需要先填寫賣家的個人資料。

操作步驟：

在實訓首頁上的賣家中心點擊「未註冊」字樣，進入填寫個人資料（賣家）的界面。所有資料內容需自行填寫，然後點擊「提交」按鈕，如圖7-6所示。

個人資料提交後不可再修改。註冊成功後，可進入「財務」及「庫存」界面查看。

圖 7-6　註冊認證（賣家）

7.2.1.2　註冊敦煌網

完成註冊/加入公司後，可在敦煌網註冊賣家帳戶。

操作步驟：

在實訓首頁上點擊「進入賣家後臺」字樣（見圖 7-7）。

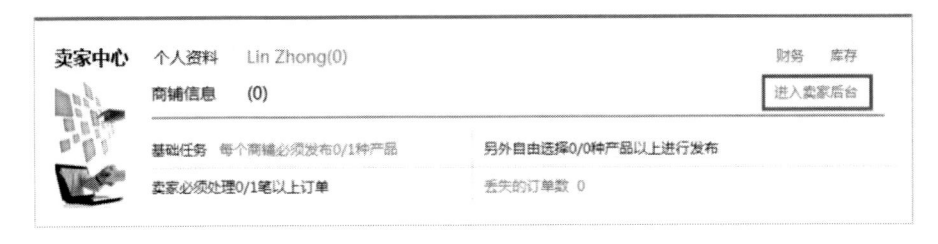

圖 7-7　進入賣家後臺

如果是第一次進入，需要先填寫以下帳號信息，點擊「確定」提交（見圖 7-8）。

帳號信息均根據個人資料（賣家）中的信息填寫。為了使你更順利地通過註冊和認證，請你在填寫註冊表單時注意以下事項：

（1）註冊表單頁面中帶＊號的內容為必填項。

（2）賣家在敦煌網的登錄名不得包含：

①違反國家法律法規、涉嫌侵犯他人權利或者干擾敦煌網平臺營運秩序等相關信息；

②不能含有敦煌網官方名稱（DHgate）、不文明詞彙、品牌詞彙、名人姓名、聯繫方式（包括郵箱地址、網址、電話號碼、QQ 號、MSN 地址等）等違反敦煌網規定的

圖 7-8 填寫商戶訊息

詞語；

③敦煌網會對註冊用戶名進行巡檢，一經發現違規情況，有權收回該用戶名的使用權。

（3）用戶名一經註冊，則無法修改。

（4）所有註冊信息均需真實填寫，以便順利通過認證。

7.2.1.3 申請信用卡

在模擬實訓過程中，無論學生是以賣家還是以買家身分進行支付，均使用信用卡進行結算。因此，賣家和買家都需要先申請信用卡才能進行支付訂單等操作（需分別申請）。

操作步驟：

在實訓首頁上的「賣家中心」或「買家中心」點擊「財務」字樣，進入財務頁面，點擊左側「填寫信用卡申請表」，如圖 7-9 所示。

圖 7-9 填寫信用卡申請表按鈕

在彈出頁面中點擊「添加」按鈕，添加一張信用卡申請表，再打開進行填寫，如圖 7-10 所示。

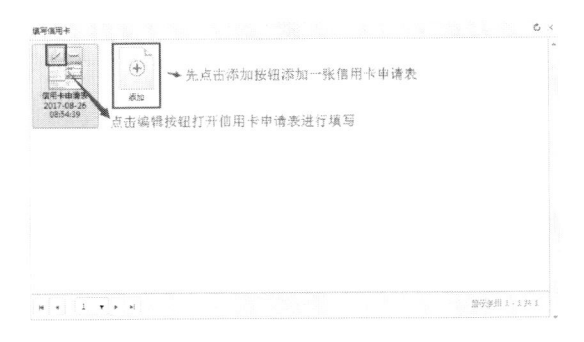

圖 7-10　添加申請表

填寫完成後點擊左邊的「！」檢查，如果單據標題處打上綠色的「√」，說明填寫通過可以使用，如圖 7-11 所示。

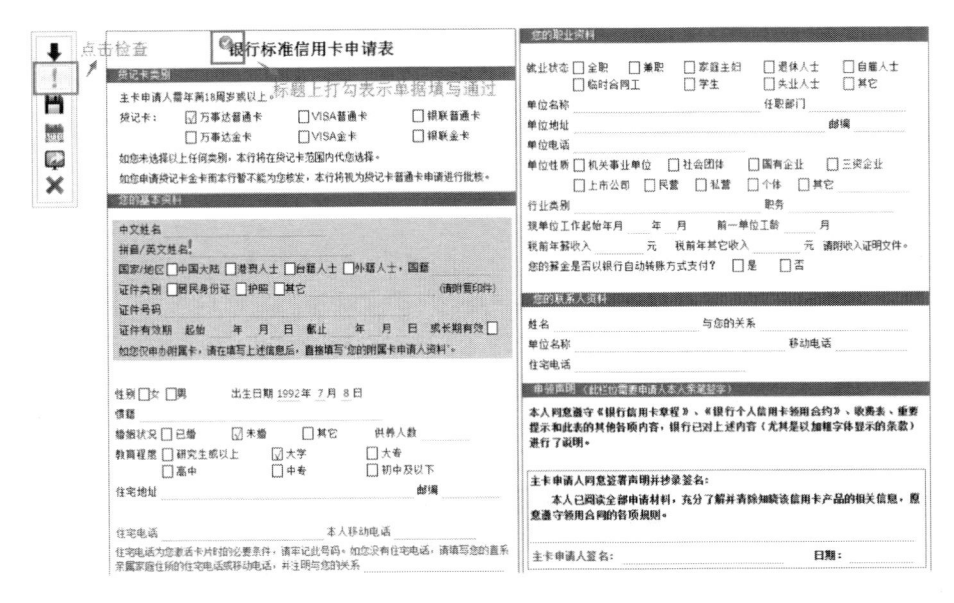

圖 7-11　檢查信用卡申請表

填寫通過後，回到財務頁面，再點擊「申請信用卡」，如圖 7-12 所示。

圖 7-12　申請按鈕

點擊單據上的「+」，將信用卡申請表添加到右側「已選擇的單據」中，然後再點擊右下方「確定」進行提交，如圖 7-13 所示。

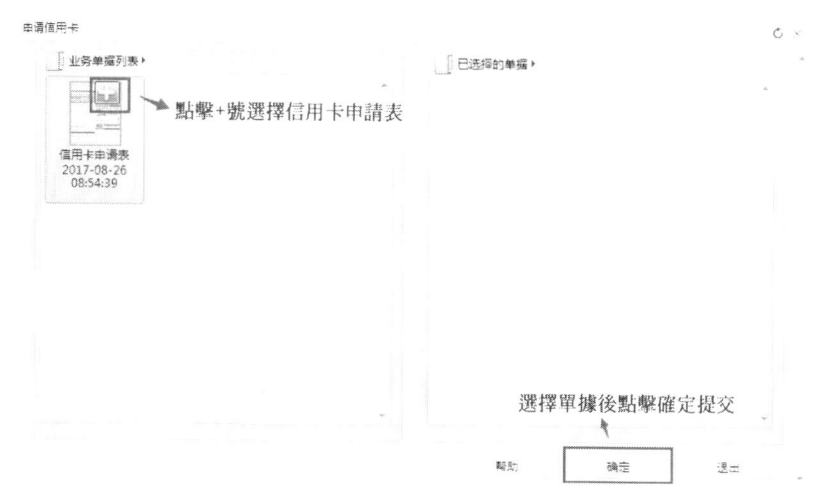

圖 7-13　信用卡申請提交

信用卡申請成功後，回到「財務」頁面（需刷新），即可看到個人帳戶中的信用卡，點擊信用卡可查詢卡內可用餘額，如圖 7-14 所示。

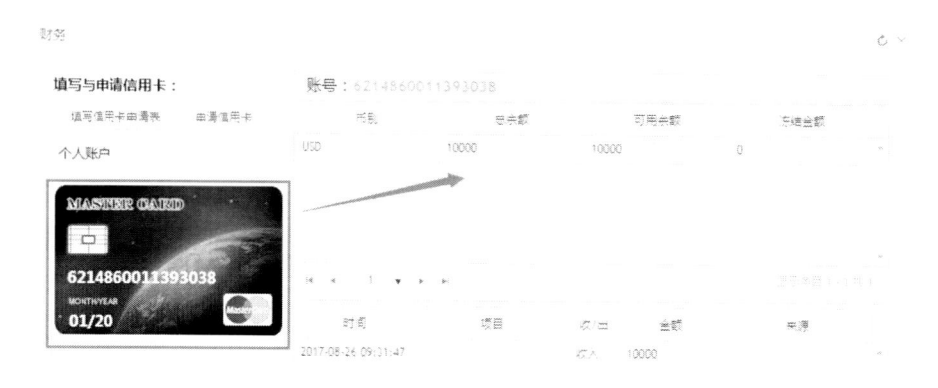

圖 7-14　信用卡帳戶

7.2.2　產品上架（賣家）

7.2.2.1　設置運費模板

運費模板是針對交易成交後賣家需要頻繁修改運費而推出的一種運費工具。通過運費模板，賣家可以解決不同地區的買家購買商品時運費差異化的問題，還可以解決同一買家在店內購買多件商品時的運費合併問題。

運費模板是根據貨品重量的不同，使用賣家設置的到各地區的運費費率來計算運費的。當買家下單訂購時，根據所購貨品的總重量以及發貨到買家收貨地址的對應運

費費率，系統將自動計算出最後需要的運費。

操作步驟：

在發布新產品之前，學生需要先完成運費模板和服務模板的設定。進入賣家後臺→產品→模板管理→運費模板，如圖 7-15 所示。

圖 7-15　運費模板設定

點擊「添加新模板」，如圖 7-16 所示。

圖 7-16　添加新模板

進入新模板頁面，可看到下方出現了多家物流公司的列表，分為線下物流方式和 DHLink 物流方式。其中「DHLink 物流方式」是必須要設置的，除此之外的線下物流方式中又包括多家公司，也可以同時選擇其中一家或多家公司進行設置（建議多設幾家以供發貨時選擇）。點擊「選擇並設置」連結，進入設置運費頁面，如圖 7-17 所示。

圖 7-17　設置運費界面

進入「DHLink Express 運費設置」界面後，我們可以看到，這裡有四種運費狀態，分別是：免運費（指定國家或地區免運費）、標準運費（指定國家或地區收取標準運費）、自定義運費（指定國家或地區收取運費）、不發貨（指定國家或地區不發貨）。接下來就是根據自己的預期銷售情況設定運費，要求一個國家只能設置一種運費類型。例如我們要將「韓國」和「日本」設置為免運費，勾選「免運費」，如圖 7-18 所示。

圖 7-18　設定運費種類

進入「選擇國家與地區」頁面，選擇「韓國」和「日本」，再輸入自定義運達時間，然後點擊「確定」，如圖 7-19 所示。

圖 7-19　運達時間設定

我們再以類似的方法分別去設置標準運費、自定義運費以及不發貨的國家。各個項目均設置完成之後，點擊「確定」按鈕，如圖 7-20 所示。

圖 7-20　提交運費模板

DHlink 物流方式設置完成後，還可以再設置其他線下物流方式。最後，輸入模板名稱，點擊「保存並添加」按鈕，運費模板就設置完成了，如圖 7-21 所示。

圖 7-21　其他物流模板設置

在設置運費模板時，考慮到不同類型的產品（如價值比較高的、比較重的），我們可以針對這些產品分別設置多個運費模板，以便在發布不同類型產品時選用。

7.2.2.2　設置服務模板

設置你自己的服務模板並與商品關聯，你提供的服務會在商品詳情頁面展示，為買家選擇商品和賣家提供參考。創建一個服務模板並在你的產品中引用，可以大大提升買家下單的概率。如果你需要修改售後服務承諾，只需要修改相應的模板即可。

操作步驟：

在發布新產品之前，學生需要先完成運費模板和服務模板的設定。進入賣家後臺→產品→模板管理→售後服務模板，如圖 7-22 所示。

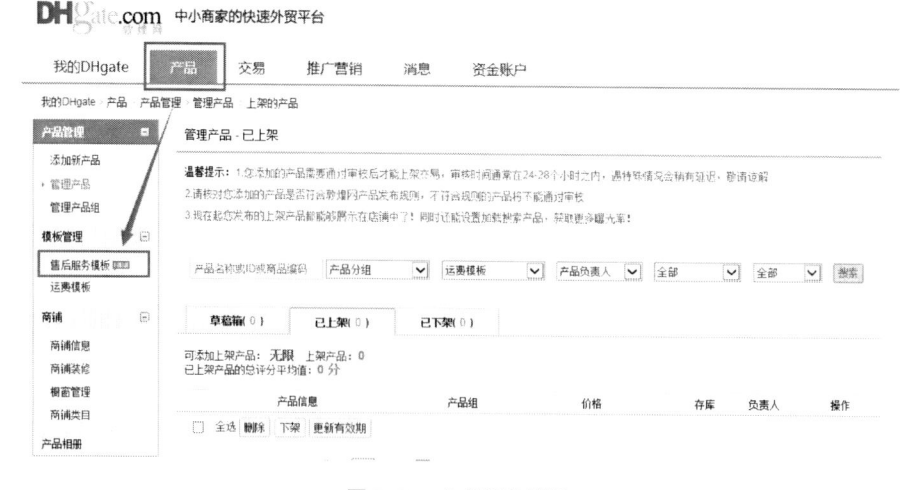

圖 7-22　售後服務模板

點擊「添加」，如圖 7-23 所示。

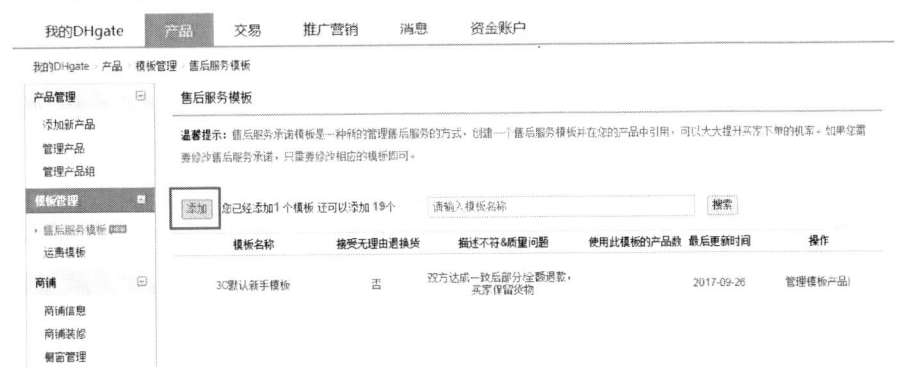

圖 7-23　添加售後服務模板

編輯模板的內容，然後點擊「確定」進行提交，如圖 7-24 所示。

圖 7-24　編輯售後服務模板

7.2.2.3　發布產品

一個好的產品信息，能夠更好地提升產品的可成交性，促使買家下單。因此，好的產品描述應該做到標題專業、圖片豐富、描述詳盡、屬性完整、價格合理、免運費和備貨及時等。

在發布產品之前，我們需要先進行「選品」工作——從系統提供的產品庫中挑選合適的產品。

（1）選擇產品。實訓平臺中提供了一批產品庫供賣家發布時選擇，除此之外，也支持發布其他非系統提供的產品。

查看系統提供的產品，需在實訓首頁上賣家中心點擊「庫存」字樣，如圖 7-25

所示。

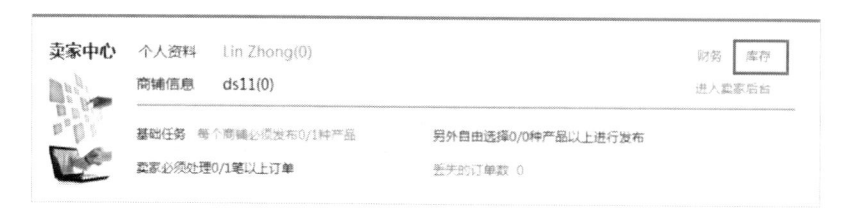

圖 7-25　庫存按鈕

進入庫存界面後，點擊上方第 2 個菜單「訂貨」，即可看到產品列表。注意：此處只是挑選產品，不需要訂貨，等到產品發布完成收到訂單了，再根據訂單數量來訂貨，如圖 7-26 所示。

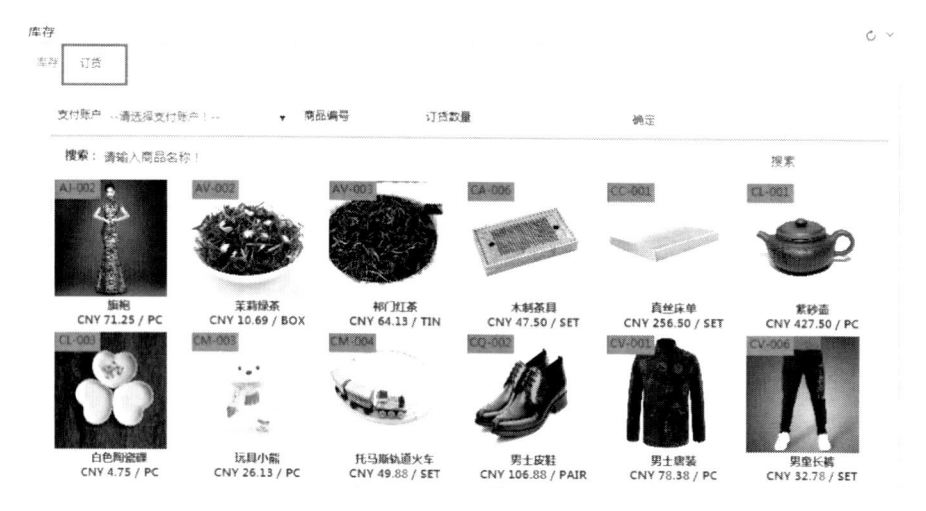

圖 7-26　訂貨頁面

選擇好要發布的產品後，將鼠標移動到該產品的圖片上，會出現一個「下載」按鈕（圖 7-27），點擊可打包下載產品相關的圖片及描述說明等資料（下載的文件夾為壓縮文件，需安裝解壓軟件進行解壓），根據這些資料，就可以準備發布產品了。

圖 7-27　下載商品詳情

（2）產品定價。產品價格不是影響海外買家購買產品的唯一因素，但絕對是一個至關重要的因素。合理的產品定價可以幫助賣家迎合國外買家的需求，從而贏得更多的訂單；不合理的產品定價則可能使賣家和訂單失之交臂，甚至是影響賣家的交易信用和利益。

（3）發布產品。操作步驟：進入賣家後臺→產品→添加新產品，如圖 7-28 所示。

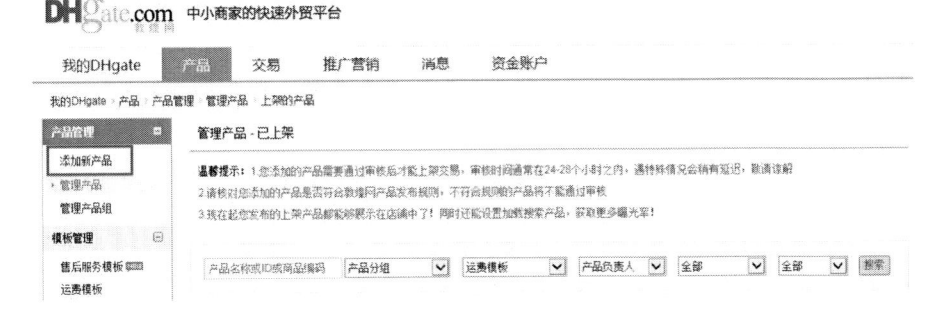

圖 7-28　添加新產品

①產品類目選擇：請注意一定要根據自己產品所屬的實際類目進行選擇，方便買家更加快速地找到產品，如圖 7-29 所示。

圖 7-29　產品類目選擇

②選擇產品編號,如圖 7-30 所示。

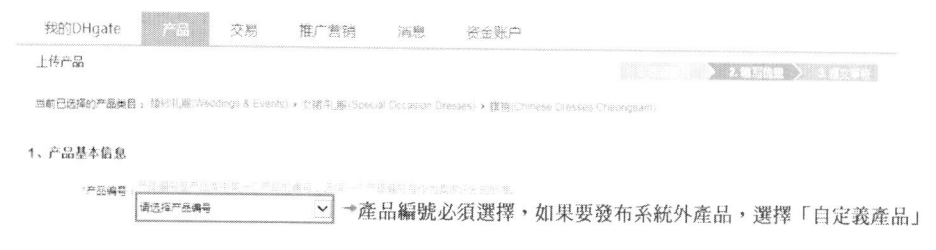

圖 7-30　選擇產品編號

③產品標題填寫:產品標題是買家搜索到你的產品並吸引買家點擊進入你的產品詳情頁面的重要因素。字數不應太多,而應盡量準確、完整、簡潔。產品標題編寫的注意事項如圖 7-31 所示。

圖 7-31　產品標題編寫

一個好的標題中可以包含產品的名稱、核心詞和重要屬性,例如:Baby Girl amice blouse Pink amice Coat With Black Lace /Suit Must Have Age Baby:1-6 Month Sample Support

注意:請不要在標題中羅列、堆砌相同意思的詞,否則會被判定為標題堆砌。

④產品關鍵詞及屬性填寫:可添加多個關鍵詞;屬性包括系統定義的屬性和自定義屬性,根據產品的詳細資料填寫,如圖 7-32 所示。

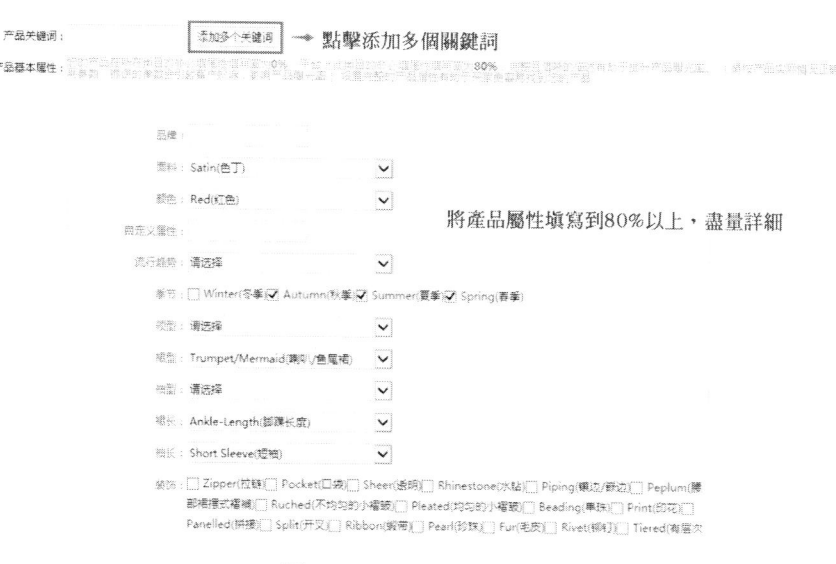

圖 7-32　產品關鍵詞及屬性

⑤銷售屬性填寫，如圖 7-33 所示。

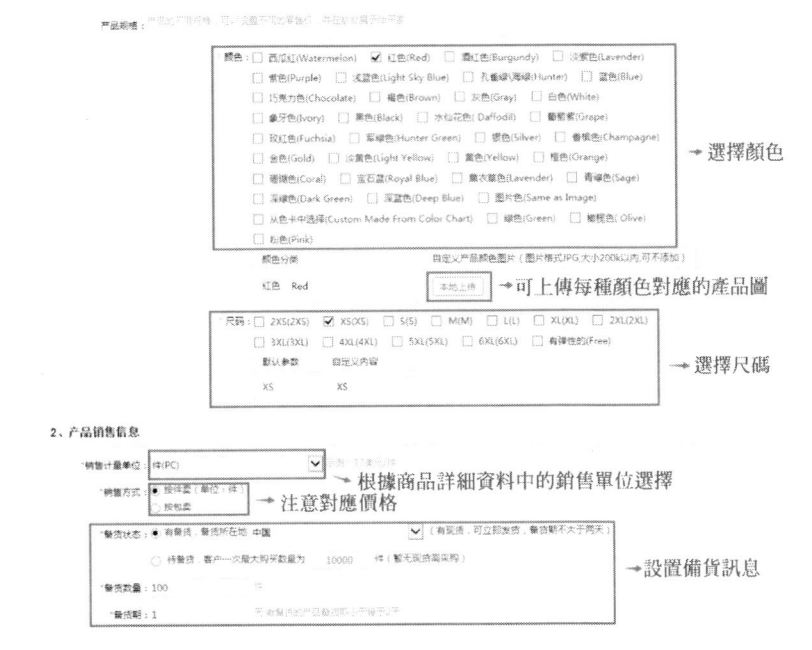

圖 7-33　銷售屬性填寫

⑥價格、備貨數量設置：價格的計算方式可參考產品定價，如圖 7-34 所示。註：敦煌網佣金目前為 8%。

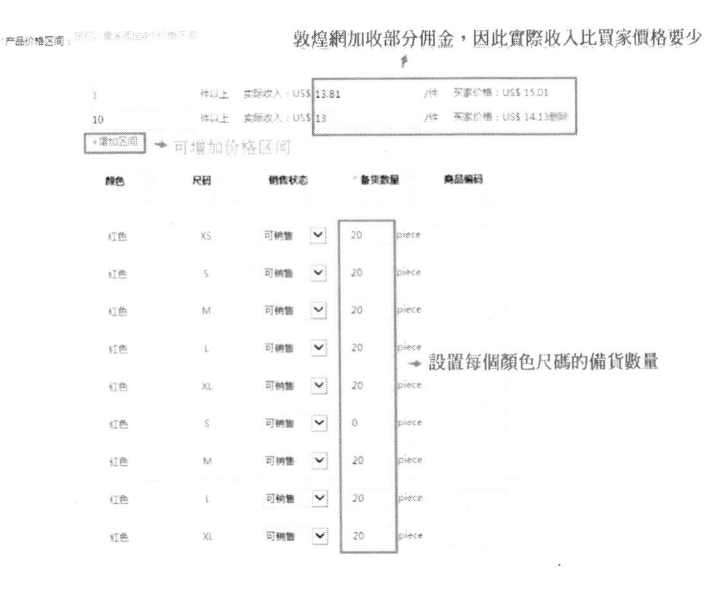

圖 7-34　價格、備貨數量設置

⑦上傳產品主圖：在選擇產品圖片時，可以選擇發布多圖產品，最多可以展示 6 張圖片。多幅圖片能夠全方位、多角度展示產品，大大提高買家對產品的興趣，如圖 7-35 所示。

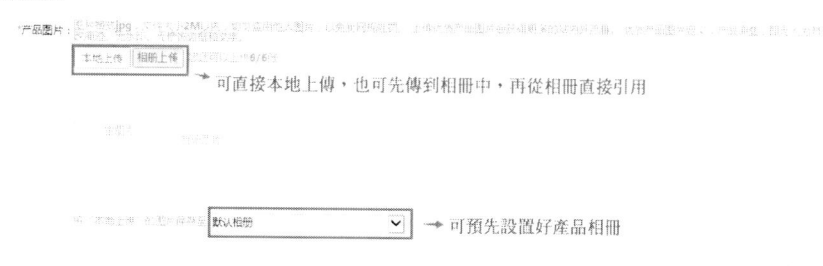

圖 7-35　上傳產品主圖

⑧產品詳細描述填寫：盡量簡潔清晰地介紹商品的主要優勢和特點，不要將產品標題複製到簡要描述中，如圖 7-36 所示。

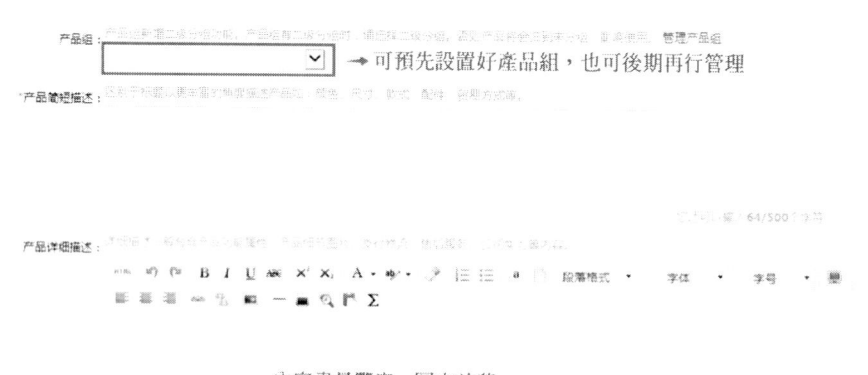

圖 7-36　產品詳細描述填寫

產品的詳細描述是讓買家全方位瞭解商品並有意向下單的重要因素。優秀的產品描述能增強買家的購買慾望，加快買家下單速度。一個好的詳細描述主要包含以下幾個方面：

a. 商品重要的指標參數和功能（例如服裝的尺碼表，電子產品的型號及配置參數）；

b. 5 張及以上詳細描述圖片；

c. 售後服務條款。

⑨包裝信息填寫：在填寫包裝設置時，一定要填寫產品包裝後的重量和尺寸，這

直接與運費價格相關，如圖 7-37 所示。

圖 7-37　包裝訊息填寫

⑩選擇物流模板：在發布產品前，一定要先設置好運費模板，如圖 7-38 所示。

圖 7-38　選擇物流模板

⑪其他信息填寫：產品有效期指產品在審核成功後展示的時間，如圖 7-39 所示。

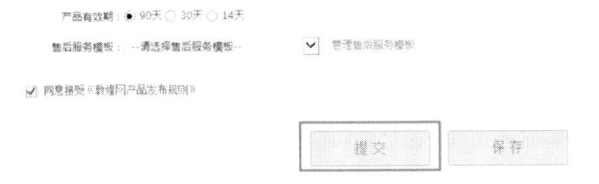

圖 7-39　其他訊息填寫

在編輯完產品之後，點擊提交，產品會進入審核階段，審核通過後，買家就可以找到產品。

7.2.3　開設店鋪（賣家）

7.2.3.1　管理已發布產品

產品發布成功後，我們還可以對其進行管理、分組等。

本節主要包括管理已發布產品、管理產品組兩項內容。

（1）管理已發布產品。操作步驟：進入賣家後臺→產品→管理產品。

在這裡可以看到所有已上架、編輯中及已下架的產品。對於已上架正在銷售中的產品，可以隨時進行再次編輯、下架、編輯推薦（推薦到店鋪櫥窗中展示）及刪除，也可以同時選中多個產品進行批量操作。「草稿箱」中的產品指的是已經保存但尚未提交的產品，可以隨時點擊「編輯」按鈕再次進入提交。超過發布有效期或賣家手工下架的產品會出現在「已下架」列表中，可以隨時編輯或重新上架，如圖 7-40 所示。

圖 7-40　管理已發布產品

（2）管理產品組。「產品分組」的功能是讓買家更容易地檢索到賣家商鋪產品。而在實際使用過程中很多賣家並不瞭解怎麼調整產品分組更便於買家使用，也不知道如何調整自身產品組在商鋪首頁的展示。

產品分組的用途和好處：

第一，不同品類產品各就其位，方便買家找到產品。

第二，產品線更加清晰，方便賣家管理。

第三，個性化的產品分組方便賣家做行銷。

操作步驟：進入賣家後臺→產品→管理產品組，如圖 7-41 所示。

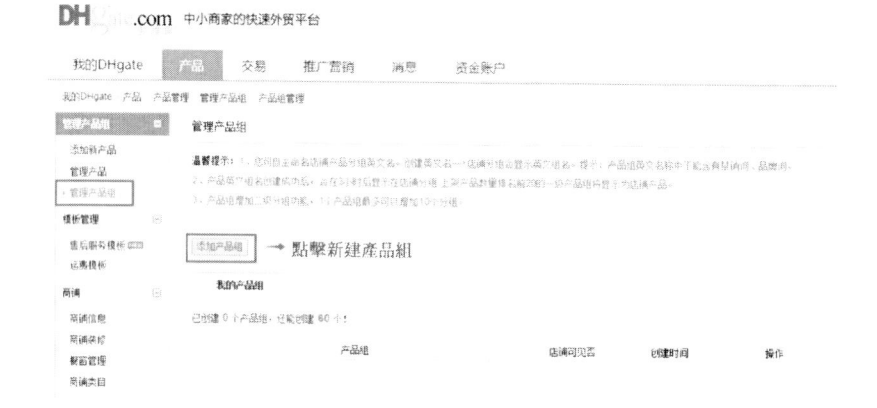

圖 7-41　管理產品組

點擊「添加產品組」，可以創建新的產品組，在產品大組下也可以創建子分組，如圖 7-42 所示。

圖 7-42　添加產品組

創建成功後，可以進行修改、刪除、管理組內產品等操作，如圖 7-43 所示。

圖 7-43　編輯產品組

點擊「管理組內產品」，可添加新產品到組內、批量移除等，如圖 7-44 所示。

圖 7-44　管理組內產品

合理的產品分組排序能夠將商鋪的商品用最有可能合理、最能激起買家購買意願的方式展現。結合平臺商商鋪的數據分析，如下格式的產品分組會更容易吸引買家。

（1）促銷產品分組，如 New Arrive，Promotion，Discount。

（2）熱門品類的分組，如 iPhone 配件、iPad 配件。

（3）按照所屬行業常用規則的產品分組，如賣平板電腦可以按照屏幕尺寸分組。

（4）其他，放一些無法歸類的商品。

在做產品分組的設置時要注意不要出現如下錯誤：

（1）不要出現無分組的產品，無分組的產品會導致系統在分組裡面增加一個額外的「other」分組。

（2）不要只注重促銷，促銷的分組比重不要過多，最好不要超過 3 個。

（3）不要將不相關的商品加在產品組裡面。

（4）不要用買家不容易搞懂的專業信息進行分組。

（5）不要有過多的產品分組，盡可能將產品分組控制在 20 個以內，超過 20 個買家是無法記憶的。

7.2.3.2 管理商舖

完成敦煌網註冊後，進入賣家後臺。賣家可先行用 PS 等工具自行設計商舖標志，並製作店招圖片（店鋪橫幅）等圖片，然後進入「店鋪信息」，填寫商舖相關信息，裝點自己的門面。

商舖管理包含 4 個部分：商舖信息、商舖類目、商舖裝修及櫥窗管理。

（1）商舖信息。操作步驟：進入賣家後臺→產品→商舖→商舖信息。

根據平臺的規則，完善店鋪的信息，有助於引流。店鋪信息在提交審核並審核通過後，會更新至店鋪中，如圖 7-45 所示。

圖 7-45　商舖訊息

商鋪各項信息請用英文填寫，盡量填寫完整。其中「商鋪標志」和「商鋪橫幅」需要上傳圖片，請按照頁面上要求的標準尺寸，用 PS 等工具製作相應大小的圖片再上傳。信息填寫完成後，點擊右上角「保存」按鈕進行提交，也可以點擊「查看我的店鋪」，瀏覽自己店鋪的展示效果。

（2）商鋪類目。操作步驟：進入賣家後臺→產品→商鋪→商鋪類目。

賣家可以自主設定商鋪類目的展示內容（見圖 7-46），包括下列兩種方式（建議使用產品組）：

①使用平臺默認展示類目：選擇該項時，顯示的是所有產品的頂級展示類目。

②自定義產品組的順序進行展示（請確保產品組都有對應的英文組名）。

商鋪類目設置後四小時以內會在買家端商鋪更新。

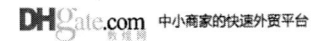

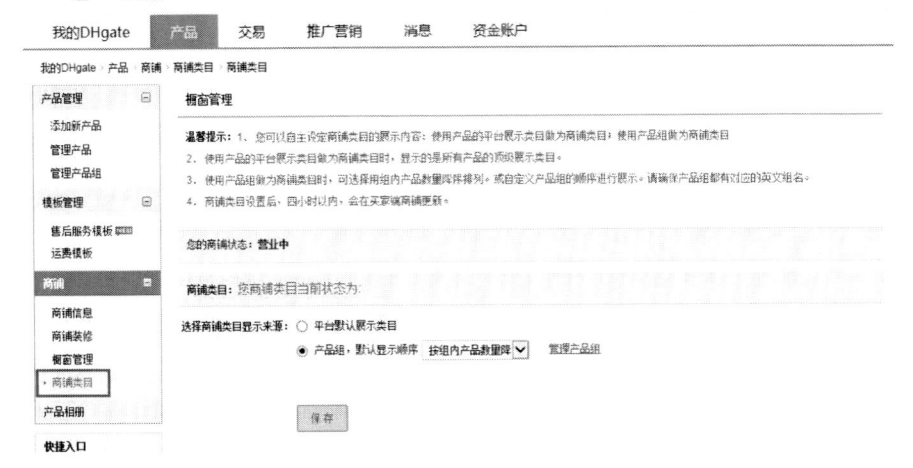

圖 7-46　商鋪類目

（3）商鋪裝修。操作步驟：進入賣家後臺→產品→商鋪→商鋪裝修。

賣家可以對商鋪的展示樣式、背景顏色等進行編輯。賣家可以在此預覽模板樣式，以選擇適合的商鋪模板，如圖 7-47 所示。

設置完成後，點擊右上角「確認」按鈕進行提交，也可以點擊「查看店鋪」預覽效果。

（4）櫥窗管理。操作步驟：進入賣家後臺→產品→商鋪→櫥窗管理。

賣家可以設置櫥窗是否在商鋪展示，並可設置櫥窗內的產品，如圖 7-48 所示。New Arrivals 櫥窗展示的是最新到貨的產品，Hot Items 櫥窗展示的是最熱銷的產品，Free Shipping 櫥窗展示的是免運費的產品。

點擊頁面上方的標籤進行各分類產品設置，也可以添加產品到當前櫥窗、批量修改產品有效期、批量移除產品。

當選擇櫥窗產品去做店鋪的櫥窗行銷時，這些產品盡量選擇新款、爆款、活動款。通過一個月的櫥窗行銷，要觀察後臺數據和店鋪訂單，在一個月內，不能帶來曝光量、

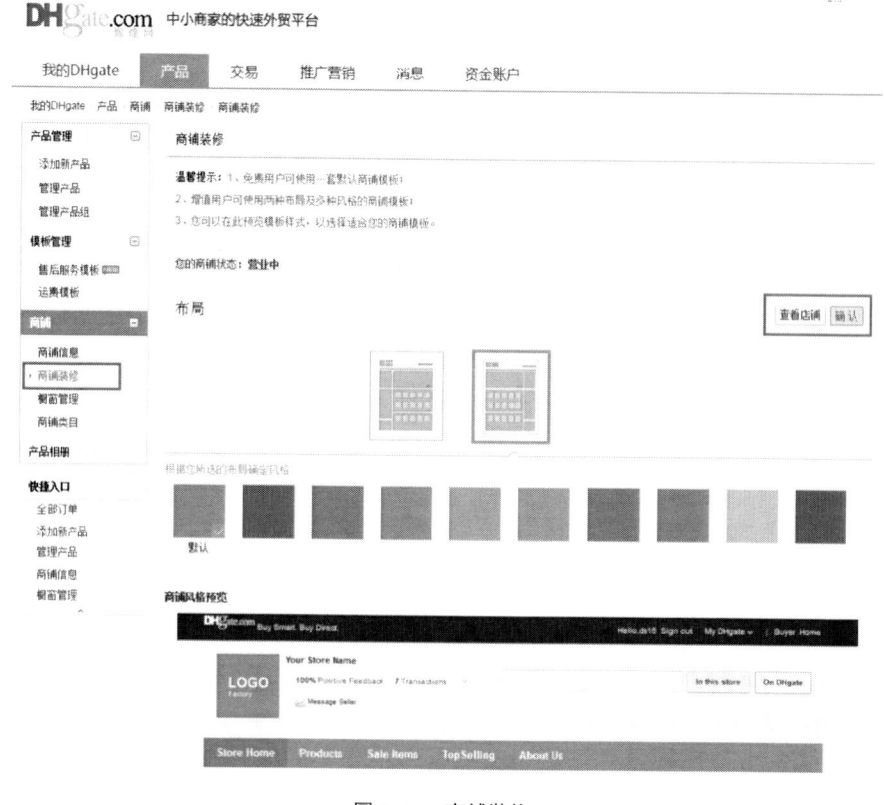

圖 7-47　商鋪裝修

圖 7-48　櫥窗管理

點擊量和訂單量的產品都應該及時更換，讓店鋪其他的產品有機會成為櫥窗產品，通

過一系列的更換、循環，最終留下來的櫥窗產品應該是能帶來高曝光量、高點擊量、高訂單量的新款、活動款和爆款產品。櫥窗行銷需要時間去觀察，只有不斷地去更換產品，不斷地觀察後臺數據，才能把櫥窗行銷做得越來越好。

7.2.3.3 管理產品相冊

網上購物，買家對商品的第一印象就是圖片。產品相冊集分組管理、圖片搜索、圖片篩選、圖片重命名等功能於一體，能夠提供更加強大的圖片管理功能，幫助賣家更加方便快捷地管理在線交易圖片。

操作步驟：進入賣家後臺→產品→產品相冊，如圖7-49所示。

圖 7-49　管理產品相冊

點擊相冊對應的圖標進入相冊管理界面，點擊「上傳圖片」，一次最多可同時上傳4張圖片。

7.2.4　行銷活動（賣家）

7.2.4.1　店鋪活動

店鋪促銷活動是指平臺為了促進賣家成長，增加更多的曝光及交易機會，定期或不定期地組織賣家發起的不同於日常銷售的特殊銷售行為及活動。促銷活動包括多種方式，賣家可根據需要選用。

店鋪活動主要包含3類：限時限量折扣、全店鋪打折及店鋪滿立減。

（1）限時限量折扣。操作步驟：進入賣家後臺→推廣行銷→店鋪活動→限時限量折扣。

請注意：同一時間段內，限時限量活動只能創建一個。

點擊「創建活動」開始創建（見圖7-50），輸入活動名稱、開始及結束時間，然後點擊「確定」（見圖7-51）。提示：限時限量活動一旦創建且開始後，直至活動結

束，中間無法進行停止操作，應謹慎創建。

圖 7-50 限時限量折扣

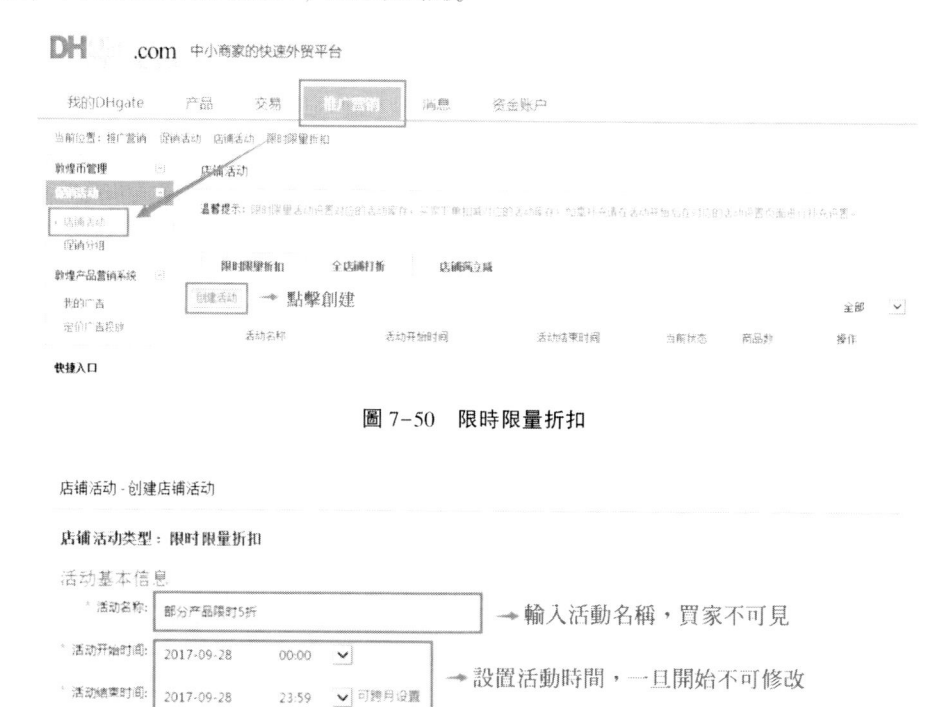

圖 7-51 創建店鋪活動

活動創建成功後，還需要往裡面添加相應的折扣產品。可通過點擊活動對應的「編輯」按鈕進行操作。產品加入成功後，還需要對添加的產品設置折扣力度。分別點擊要設置的產品對應的「修改」按鈕，然後再輸入其折扣率即可。

（2）全店鋪打折。操作步驟：進入賣家後臺→推廣行銷→店鋪活動→全店鋪打折，如圖 7-52 所示。

全店鋪打折是敦煌網推出的店鋪自主行銷工具，可以根據不同類目商品的利潤率，對全店鋪的商品按照商品分組設置不同的促銷折扣，吸引更多流量，刺激買家下單，累積客戶和銷量。

首先點擊「行銷分組設置」（行銷分組設置主要是為了對店鋪內產品進行分組，分別設置不同的折扣率）；

點擊「新建分組」，按照產品類別創建多個小組；

創建完組後，點擊對應的「組內產品管理」，把相應產品添加到組中；

各組內產品都添加完成後，回到全店鋪打折首頁，點擊「創建活動」按鈕；

輸入活動名稱、開始及結束時間，分別對不同組設置其折扣率（「other」為店鋪中

圖 7-52　全店鋪打折

未參與分組的其他產品），點擊「提交」。

創建成功後，回到全店鋪打折首頁，可看到已創建的活動，在活動開始之前，可以對其進行修改。

提示 A：全店鋪打折活動一旦創建且開始後，直至活動結束，中間無法進行停止操作，應謹慎創建。

提示 B：當「全店鋪打折」活動和「限時折扣」活動時間上有重疊時，以限時限量折扣為最高優先級展示。例如：商品 A 在全店鋪打折中的折扣是「10% off」（即 9 折），在限時折扣中是「15% off」（即 8.5 折），則買家頁面上展示的是限時限量 15% 的折扣。

（3）店鋪滿立減。操作步驟：進入賣家後臺→推廣行銷→店鋪活動→店鋪滿立減，如圖 7-53 所示。

圖 7-53　店鋪滿立減

店鋪滿立減工具是敦煌網推出的店鋪自主行銷工具。針對全店鋪的商品（或部分商品），在買家的一個訂單中，若訂單金額超過了預先設置的優惠條件（滿 X 元），在其支付時系統會自動減去優惠金額（減 Y 元）。這樣既讓買家感覺到實惠，又能刺激買家為了達到優惠條件而多買，買賣雙方互利雙贏。優惠規則（滿 X 元減 Y 元）由賣家根據自身交易情況設置。正確使用滿立減工具可以刺激買家多買，從而提升銷售額，

拉高平均訂單金額和客單價。

輸入活動名稱、開始及結束時間，設置促銷規則，如圖7-54所示。

提示A：店鋪滿立減活動一旦創建且開始後，直至活動結束，中間無法進行停止操作，應謹慎創建。

提示B：折扣和滿立減的優惠是可以疊加的，設置時一定要考慮折上折時的利潤問題。

店铺活动 - 创建店铺活动

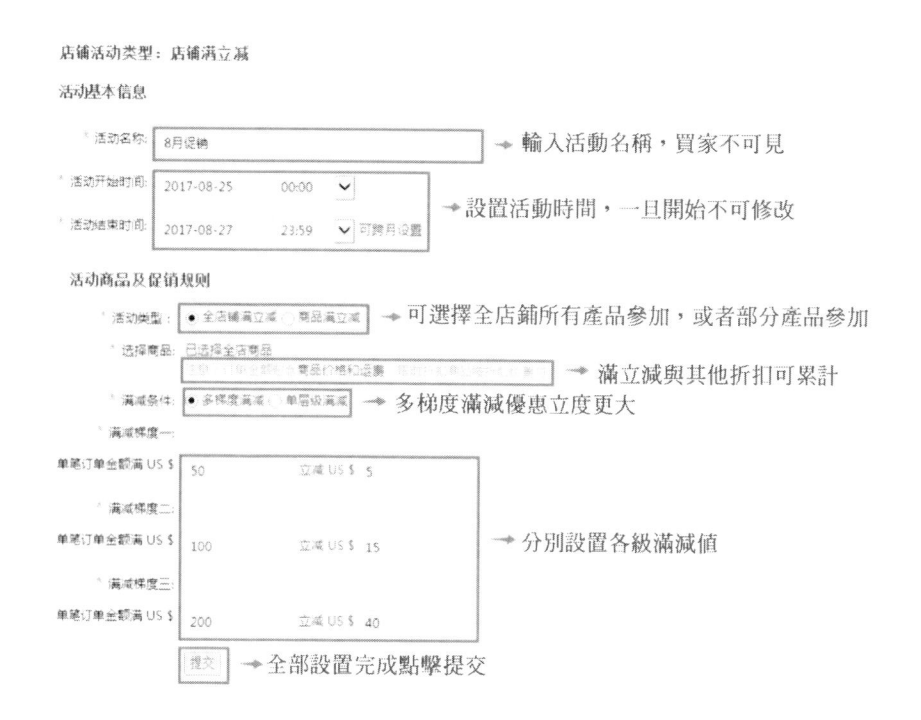

店鋪活動類型：店鋪滿立減

活動基本信息

活動名稱：8月促銷 → 輸入活動名稱，買家不可見

活動開始時間：2017-08-25 00:00
活動結束時間：2017-08-27 23:59 可費用設置 → 設置活動時間，一旦開始不可修改

活動商品及促銷規則

活動類型：全店鋪滿立減／商品滿立減 → 可選擇全店鋪所有產品參加，或者部分產品參加

選擇商品：已選擇全店商品 → 滿立減與其他折扣可累計

滿減條件：多梯度滿減／單層級滿減 → 多梯度滿減優惠立度更大

滿減梯度一：
單筆訂單金額滿 US $ 50　立減 US $ 5

滿減梯度二：
單筆訂單金額滿 US $ 100　立減 US $ 15　→ 分別設置各級滿減值

滿減梯度三：
單筆訂單金額滿 US $ 200　立減 US $ 40

提交 → 全部設置完成點擊提交

圖 7-54　店鋪活動設置

活動創建成功後，回到店鋪滿立減首頁，可查看已經創建的活動，點擊「編輯」可以修改其內容。

7.2.4.2　定價廣告投放

定價廣告是敦煌網整合網站的資源，傾力為敦煌網賣家打造的一系列優質推廣展示位，分佈於網站的各個高流量頁面，占據了頁面的焦點位置，以圖片或者櫥窗等形式展示。定價廣告僅對敦煌賣家開放，賣家可以在「敦煌產品行銷系統」平臺上購買。

投放定價廣告需要先完成敦煌幣充值，然後才能購買。

（1）敦煌幣充值。投放廣告需要以敦煌幣來支付，因此在投放廣告之前，需要先充值敦煌幣。敦煌幣分為敦煌金幣和敦煌券，目前主要用來投放廣告。敦煌金幣與敦

煌券等值，與人民幣兌換比例是 1：1（1 人民幣＝1 敦），一旦到帳均不能退款。敦煌金幣為賣家充值購買；敦煌券為敦煌網贈送所得，附帶有效期限。

操作步驟：進入賣家後臺→推廣行銷→敦煌幣管理，如圖 7-55 所示。

圖 7-55　敦煌幣管理

點擊「充值敦煌幣」，進入充值頁面。輸入充值金額（如果不確定充值金額，可以先到「定價廣告投放」頁面查詢一下具體的廣告費），選擇支付方式（銀行可任意選擇），然後點擊「去網上銀行支付」，如圖 7-56 所示。

圖 7-56　充值敦煌幣

這裡需要填寫信用卡信息，因此在第一次支付前，賣家需要先去銀行申請開信用卡。如果已經開卡，在如圖7-57所示的界面中輸入銀行卡號（可在首頁的「財務」中查找卡號），再點擊「支付」。

圖 7-57 支付充值敦煌幣

（2）定價廣告投放。敦煌幣充值成功後，就可以購買廣告了。

操作步驟：進入賣家後臺→推廣行銷→敦煌產品行銷系統→定價廣告投放，如圖7-58所示。

圖 7-58 推廣行銷

目前系統中僅支持 Banner（橫幅）廣告位投放，點擊其對應的「立即投放」按鈕，如圖7-59所示。

圖 7-59 定價廣告投放

再點擊「新增投放申請」，如圖 7-60 所示。

圖 7-60　新增投放申請

選擇要投放的頁面（目前僅支持首頁），點擊「下一步」，如圖 7-61 所示。

圖 7-61　選擇投放頁面

選擇要投放的廣告位（輪播圖 1 即展示在敦煌網首頁上的第一幅，價格最高，以此類推），點擊「下一步」，如圖 7-62 所示。

圖 7-62　選擇廣告位

選擇廣告投放排期（每期廣告都有報名限額，如果已經報滿則只能選擇別的日期），點擊「下一步」，如圖 7-63 所示。

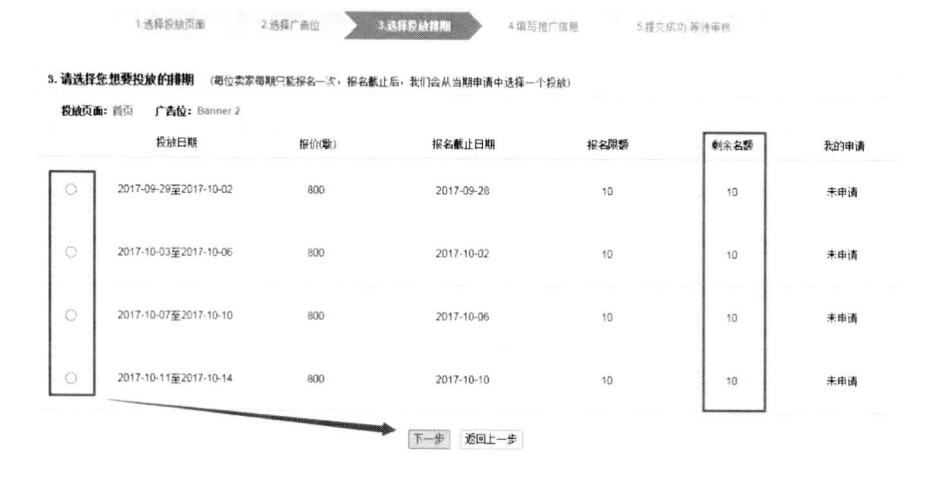

圖 7-63　選擇投放排期

選擇排期後，還需要上傳準備展示在首頁上的宣傳圖片，如圖 7-64 所示。

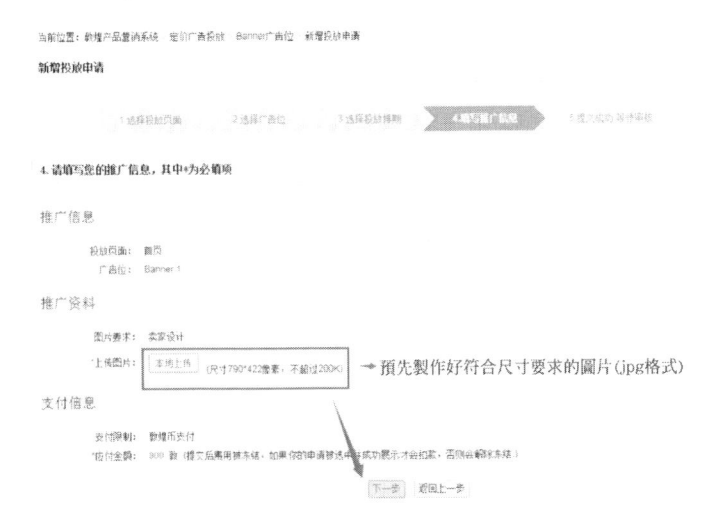

圖 7-64　填寫推廣訊息

如果敦煌幣餘額足夠支付，申請廣告成功。申請後，默認狀態會顯示為「未入選」，申請的資金也將被凍結；等到報名截止日期結束後，系統將在所有的申請中自動評定入選人，此時如果入選，廣告狀態將顯示為「已入選」，相應資金也將扣除；否則將退還相應凍結資金。

7.2.5　註冊認證（買家）

7.2.5.1　填寫個人資料

實訓中，每個學生不僅擁有賣家身分，也同時擁有一個買家身分（個人）。在擔任買家進行實訓之前，需要先填寫一些個人資料，如買家收貨地址等，然後才能進入敦煌網買家中心進行操作。

操作步驟：

在實訓首頁上的買家中心點擊「未註冊」字樣，進入填寫個人資料的界面，如圖 7-65 所示。

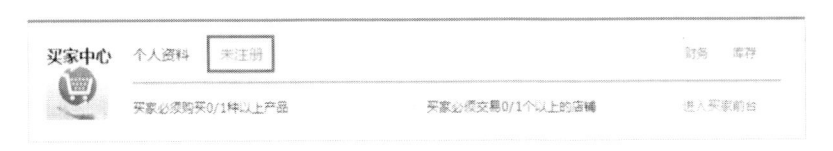

圖 7-65　註冊認證（買家）

系統中提供了近 50 個國家供買家選擇，相關的地址、城市等資料也應該根據國家來填寫，填寫完成後點擊「提交」，如圖 7-66 所示。

圖 7-66　填寫個人資料

提交後，相關資料不可修改。

7.2.5.2　註冊敦煌網

完成個人資料的填寫後，可在敦煌網註冊買家帳戶。註冊完買家帳戶以後，就可以自由瀏覽賣家發布的產品，並可對你心儀的產品下單購買了。

操作步驟：

在實訓首頁上點擊「進入買家前臺」字樣，如圖 7-67 所示。

圖 7-67　進入買家前臺

如果是第一次進入，需要先填寫以下帳號信息，點擊「Creat My Account」提交，如圖 7-68 所示。

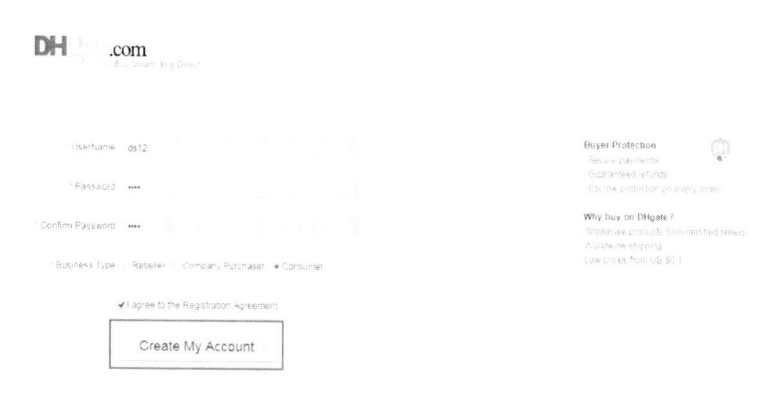

圖 7-68　填寫帳號訊息

7.2.5.3　申請信用卡

本部分操作同 7.2.1.3 中的內容。

7.2.6　下單付款（買家）

7.2.6.1　在線溝通

買家在瀏覽商品，準備下單的過程中，可以先通過敦煌網的站內信功能與賣家取得聯繫、確認細節、討論運費，或者是爭取更大的優惠折扣等。

操作步驟：

在實訓首頁上點擊「進入買家前臺」字樣，進入敦煌網買家首頁：

在敦煌網主頁上，買家可以直接瀏覽賣家發布的產品，也可以通過產品分類進行查看，或者是直接在搜索框內輸入關鍵詞搜索，找到自己心儀的產品，如圖 7-69 所示。

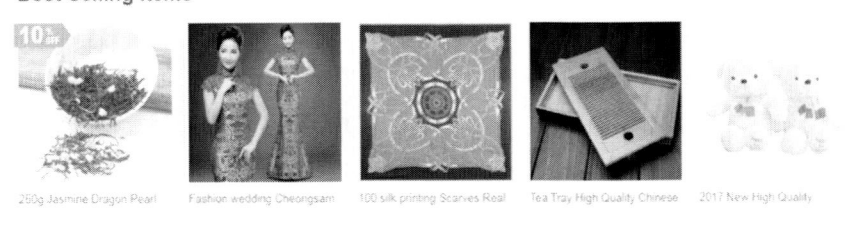

圖 7-69　敦煌網買家主頁

買家找到有購買意向的商品後，可仔細瀏覽其各項屬性，包括售價、運費、詳情、買家評價等。在正式下單前，如果有任何關於品質細節或價格方面的疑問，建議先與

賣家進行溝通，具體方法為點擊產品詳情頁面右上角的「Message」，如圖 7-70 所示。

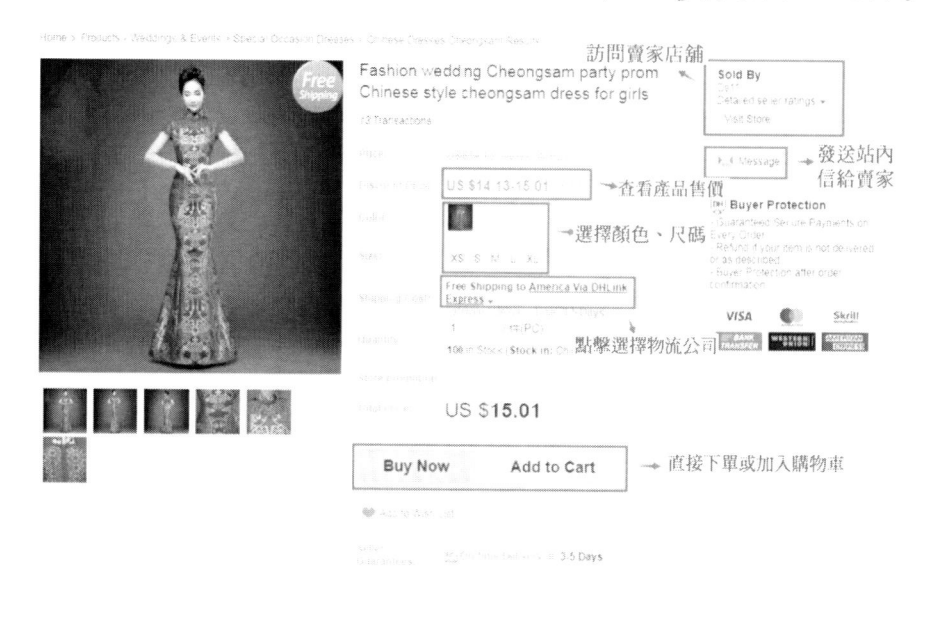

圖 7-70　商品詳情

進入站內信發送頁面，輸入信件內容發送給賣家，如圖 7-71 所示。

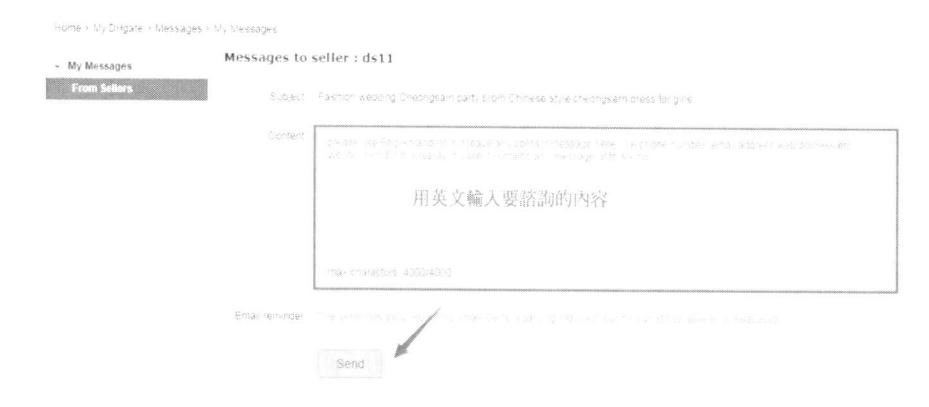

圖 7-71　發送站內信

賣家可進入站內信界面瀏覽並回覆買家，賣家回覆後，買家可以在敦煌網首頁上點擊「消息中心」進入查看，如圖 7-72 所示。

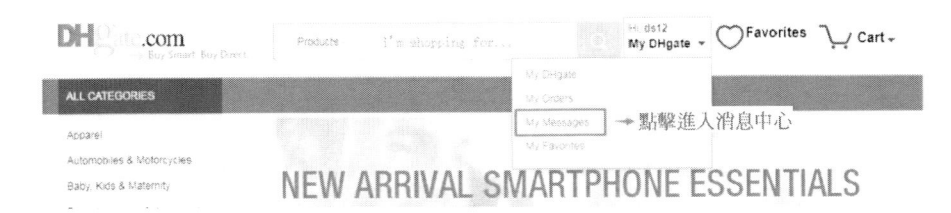

圖 7-72　查看「消息中心」

7.2.6.2　買家下單

買家找到心儀的產品，並與賣家就各項條件達成一致意見後，就可以下單了。

操作步驟：

打開準備購買的產品詳情頁面，選擇相應的尺碼、顏色，輸入購買數量，選擇物流公司，然後點擊「Buy Now」立即購買，或點擊「Add to Cart」加入購物車，如圖 7-73 所示。

圖 7-73　選擇商品加入購物車

如果是加入了購物車，可以在賣家店鋪中再選擇其他的產品，一併加入購物車後，點擊進入購物車，如圖 7-74 所示。

圖 7-74　進入購物車

再次確認產品的相關信息，無誤後點擊「Buy All」進行購買，如圖 7-75 所示。

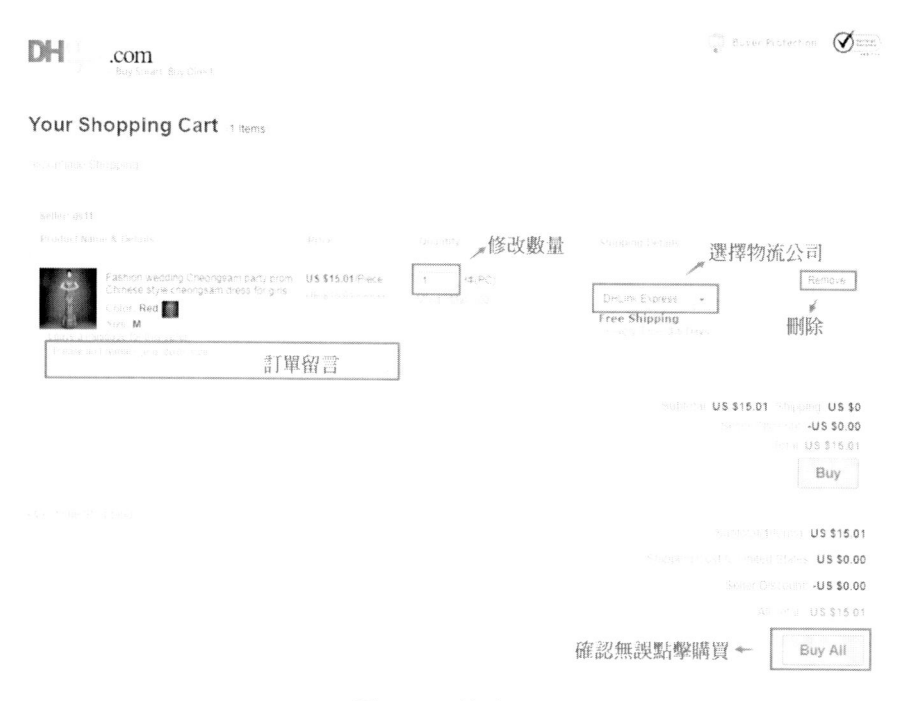

圖 7-75　確認訂單

　　進入下單界面，再次確認各項信息（買家收貨地址已由系統根據買家資料自動填寫），確認無誤後點擊「Place Order」按鈕，如圖 7-76 所示。
　　這樣買家下單就完成了，接下來進入支付訂單環節，具體說明請查看幫助中的「買家付款」。

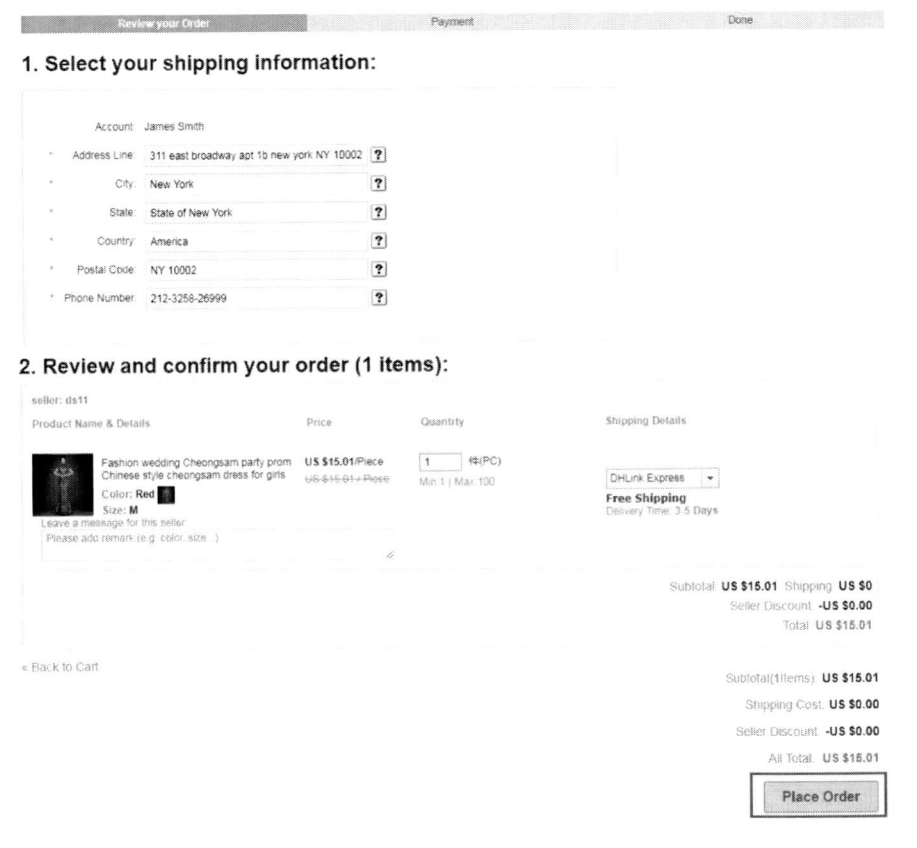

圖 7-76　下單

7.2.6.3　買家付款

買家下單成功後，會直接進入付款界面（在支付訂單之前，需要先完成申請信用卡操作）。

操作步驟：

如果買家在下單後並沒有立即支付，而是關掉了頁面，可以通過在首頁上點擊「My Orders」進入訂單頁面，繼續支付操作，如圖 7-77 所示。

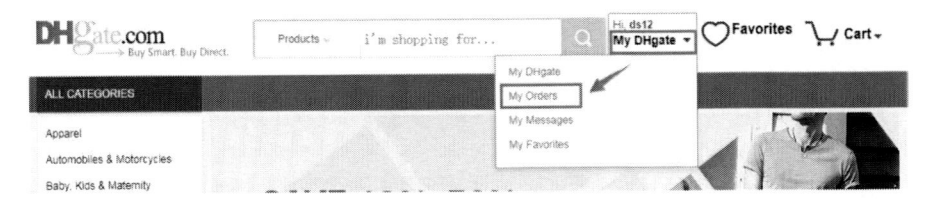

圖 7-77　進入訂單頁面

點擊「Proceed to Pay」繼續支付訂單，如圖 7-78 所示。

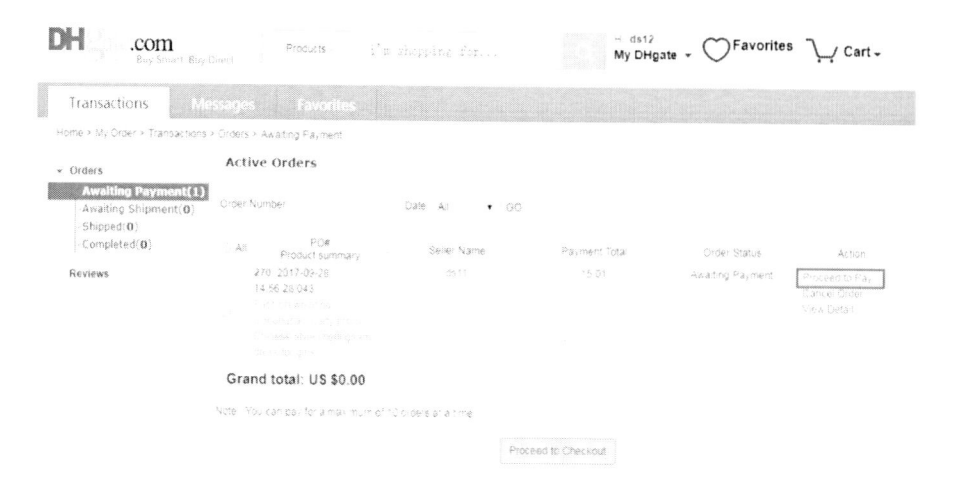

圖 7-78　支付訂單

輸入銀行卡號等信息（參照「買家—財務」中的信用卡信息填寫），再點擊「Pay for order」，如圖 7-79 所示。

圖 7-79　輸入銀行卡訊息

支付成功，接下來就等待賣家發貨了，如圖 7-80 所示。

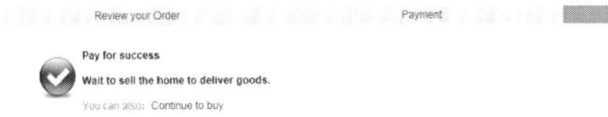

圖 7-80　支付成功

7.2.7　處理訂單（賣家）

7.2.7.1　產品備貨

一旦收到買家已經下單並付款的訂單，賣家就可以備貨了。當然，賣家也可以提前備貨，不過這樣會有一定的庫存風險，萬一產品滯銷，可能會造成損失。

操作步驟：

在實訓首頁上點擊「庫存」字樣，進入庫存首頁。

進入庫存界面後，點擊上方第 2 個菜單「訂貨」，即可看到產品列表，如圖 7-81 所示。

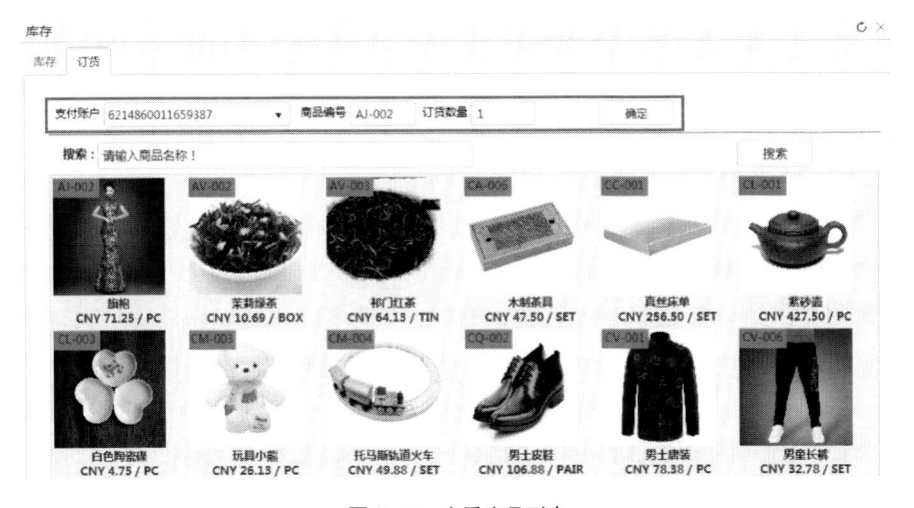

圖 7-81　查看產品列表

訂貨成功之後，可切換到「庫存」頁面查看庫存情況（需要刷新頁面），如圖 7-82 所示，也可進入「財務」界面查看費用支出。

圖 7-82　查看庫存情況

7.2.7.2 包裝發貨

賣家接到買家已付款的訂單，且在庫存中備好貨物以後，就可以準備包裝發貨。

發貨包括 3 個步驟：線上發貨、支付運費和發貨通知。

（1）線上發貨。操作步驟：進入賣家後臺→交易→全部訂單。

點擊「待處理訂單」中的「待發貨」項，找到需要發貨的訂單，首先打開「訂單詳情」頁查看，再點擊「立即發貨」，如圖 7-83 所示。

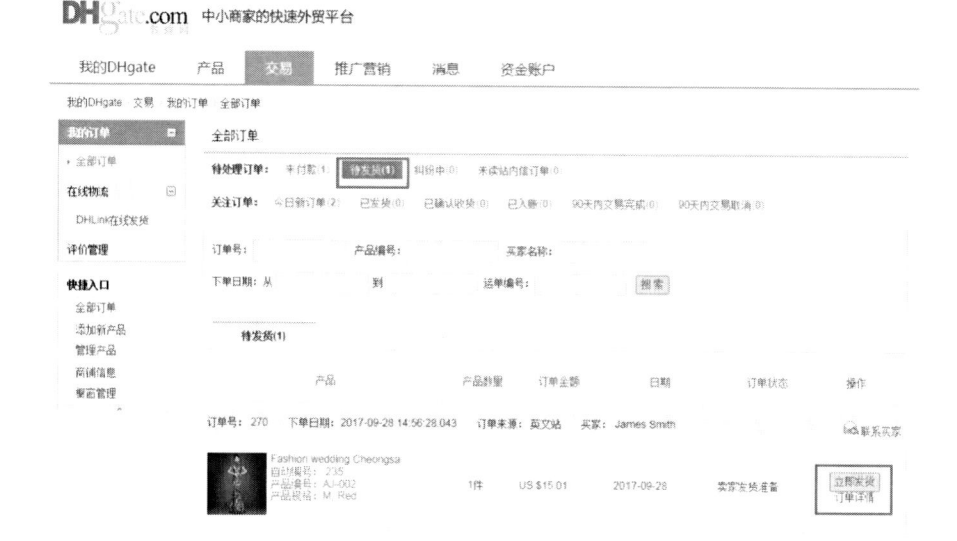

圖 7-83　代發貨處理

選擇發貨方式為「DHlink 物流平臺發貨」，點擊「確定」，如圖 7-84 所示。

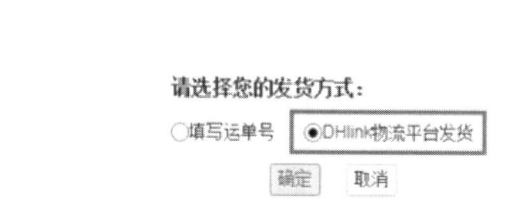

圖 7-84　選擇發貨方式

進入「選擇物流方案」界面。選擇發貨地址和收貨國家，輸入計算所得的包裹重量、長寬高等信息（重量按商品資料中的「Package Weight」計算，如果有多件，需乘以件數；長寬高數據則參考「Package Size」直接填寫，無須計算），然後點擊「計算國際運費」，如圖 7-85 所示。

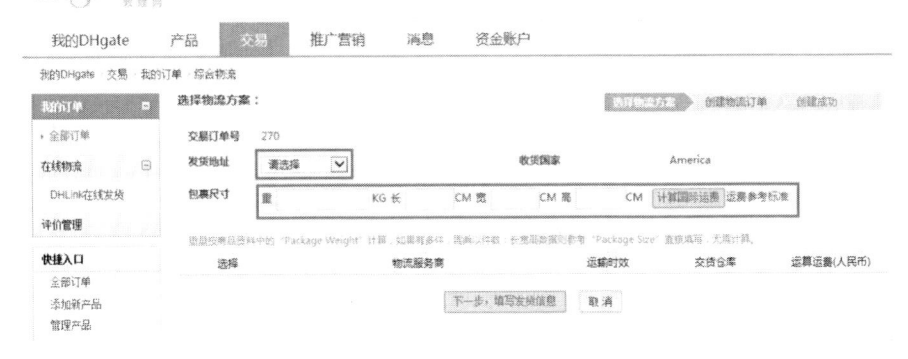

圖 7-85　計算國際運費

查詢到不同的物流服務商，選擇其中一家（應參照訂單詳情裡買家選擇的物流公司去選，否則實際工作中可能會被買家投訴），然後點擊「下一步，填寫發貨信息」，如圖 7-86 所示。

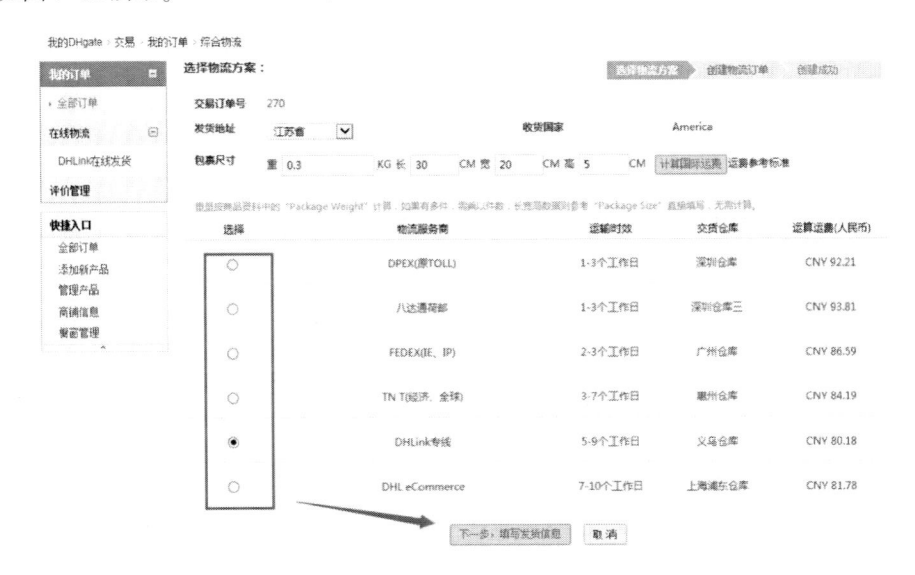

圖 7-86　選擇物流服務商

確認商品信息、發貨信息等，然後點擊「提交發貨」，如圖 7-87、圖 7-88 所示。

圖 7-87　確認商品訊息和發貨訊息

圖 7-88　提交發貨

成功創建物流單，接下來應進入物流訂單詳情去支付運費。

（2）支付運費。賣家發貨後，可直接點擊發貨成功界面上的「查看物流單」，或者是進入賣家後臺→交易→DHLink 在線發貨，找到已發貨但尚未支付運費的訂單，如圖 7-89、圖 7-90 所示。

圖 7-89　查看物流單

圖 7-90　DHLink 在線發貨

選擇查看「等待支付運費」項下的國際快遞訂單，點擊「立即支付」，如圖 7-91 所示。

圖 7-91　查看「等待支付運費」

選擇一張銀行卡，點擊「確認支付」，如圖 7-92 所示。

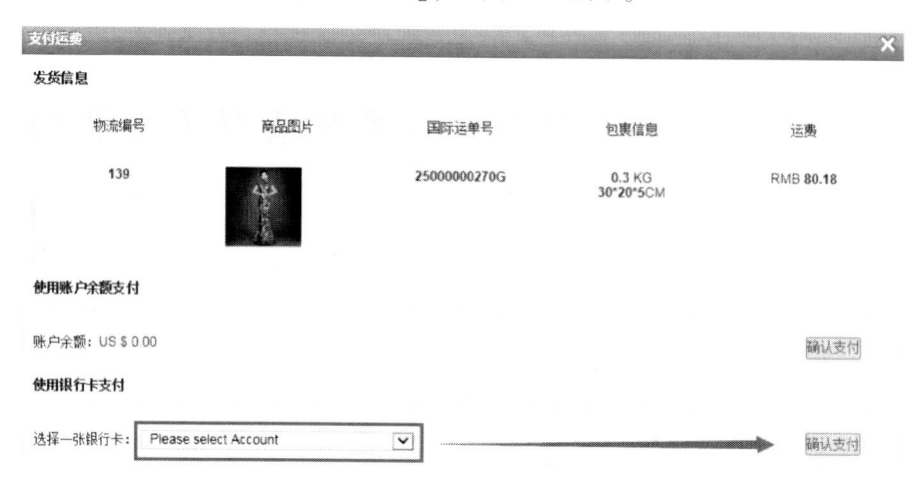

圖 7-92　確認支付

支付完運費之後，發貨完成，貨物就出運了。接下來還需要填寫發貨通知。
（3）發貨通知。完成線上發貨後，別忘了還要填寫發貨通知。
在「DHLing 在線發貨訂單」的「發貨已完成」界面，點擊「填寫發貨通知」，如圖 7-93 所示。

圖 7-93　填寫發貨通知

按照物流訂單中的內容，選擇物流名稱，並輸入運單號，點擊「提交」，如圖 7-94 所示。

圖 7-94　提交發貨通知

7.2.8　確認收貨（買家）

7.2.8.1　確認收貨

賣家發貨後，買家在收到貨後需要進行確認收貨操作。

操作步驟：

進入買家前臺，在敦煌網首頁上點擊「My Orders」進入訂單頁面，如圖 7-95 所示。

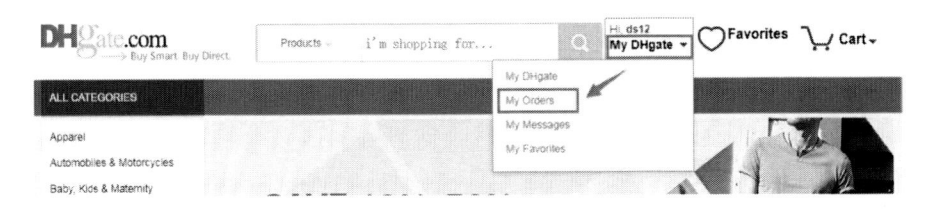

圖 7-95　進入訂單頁面

點擊「Shipped」，找到賣家已發貨的訂單，點擊其對應的「Confirm goods」按鈕，如圖 7-96 所示。

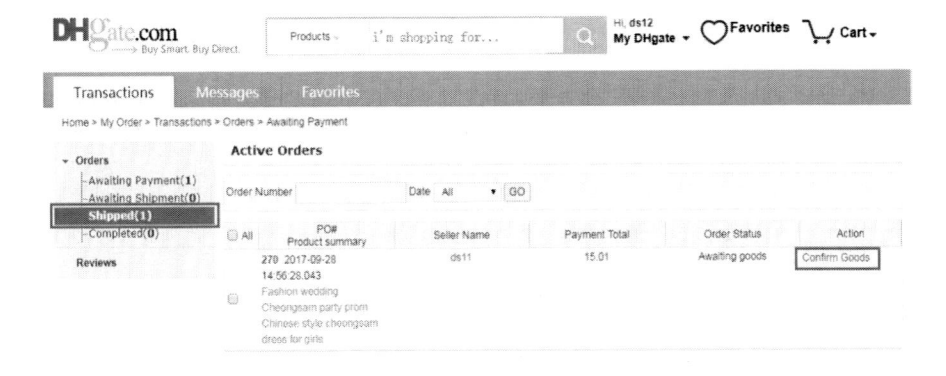

圖 7-96　確認收貨

確認收貨成功，接下來可以回到實訓首頁，點擊買家中心對應的「庫存」按鈕，查看收到的貨物，如圖 7-97、圖 7-98 所示。

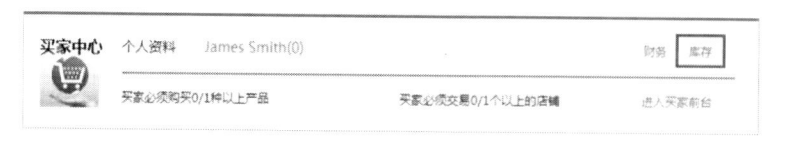

圖 7-97　查看庫存

圖 7-98　查看貨物

7.2.8.2　交易評價

確認收貨完成後，買家還可以給予賣家關於產品質量、服務等方面的評價。

操作步驟：

進入買家前臺，在敦煌網首頁上點擊「My Orders」進入訂單頁面。

點擊左側下方的「Reviews」進入管理訂單評價頁面，如圖 7-99 所示。

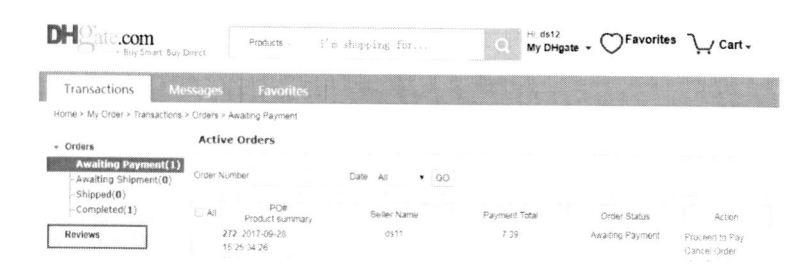

圖 7-99　進入管理訂單評價頁面

點擊「Orders waiting for review」篩選出要評價的訂單，然後點擊對應的「Post reviews」按鈕進行評價，如圖 7-100 所示。

圖 7-100　選擇訂單發表評價

對商品是否與描述相符、運輸時間等項目打分，輸入評價內容，並可上傳產品圖片，最後點擊「Submit your Review」提交，如圖 7-101 所示。

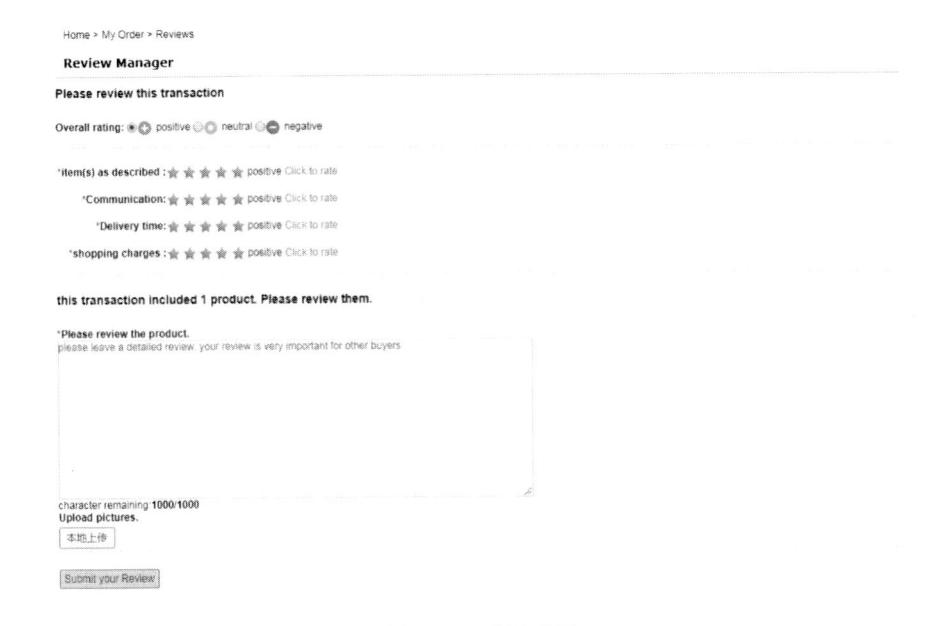

圖 7-101　提交評價

評價提交成功，此筆訂單完成。

7.2.9　收款提現（賣家）

7.2.9.1　帳戶設置

賣家在敦煌網中通過出售產品所賺的資金將存放在敦煌網資金帳戶中，賣家可以通過申請提現轉入自己的個人帳戶。但在提現之前，必須先分別綁定人民幣收款帳戶和外幣收款帳戶的銀行卡。

為什麼要設置兩個收款帳戶呢？

（1）買家通過信用卡支付時，根據國際支付渠道不同，款項會以外幣或人民幣的形式進入資金帳戶，然後分別外幣提現和人民幣提現。

（2）買家通過 T/T 銀行匯款支付時，款項將以外幣的形式放款到資金帳戶。

也就是說，買家採用不同的支付方式，其貨款將打入賣家不同的收款帳戶。

操作步驟：進入賣家中心→資金帳戶→帳戶設置，如圖 7-102 所示。

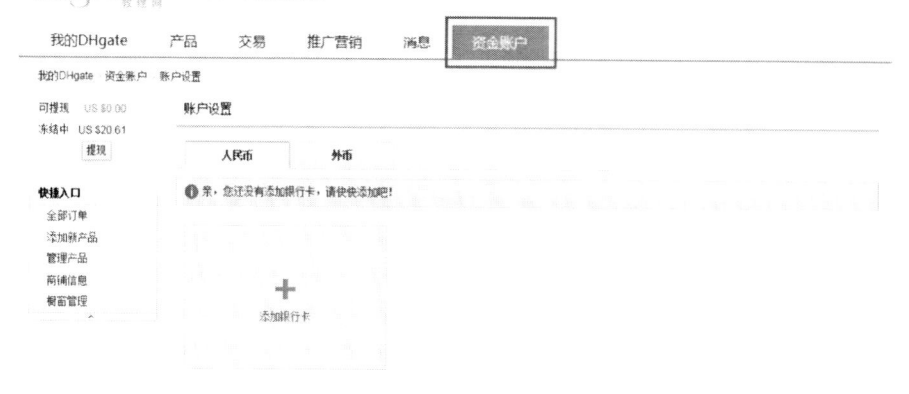

圖 7-102　資金帳戶（賣家）

分別添加人民幣和外幣帳戶的銀行卡（兩個帳戶可用同一張卡綁定）。首先點擊人民幣帳戶對應的「添加銀行卡」，輸入相關資料（具體銀行卡號等信息可在首頁「財務」中查找），再點擊「確認並保存」，如圖 7-103 所示。

圖 7-103　添加銀行卡

外幣帳戶也用類似方法綁定銀行卡，綁定後才可進行提現。

7.2.9.2　資金提現

如果已經設置好收款帳戶，當帳戶裡有可用餘額時，賣家可以進行提現。

操作步驟：

進入賣家中心→資金帳戶→帳戶設置，在要提現的帳戶頁面左側點擊「提現」按鈕，如圖 7-104 所示。

圖 7-104　進入提現界面

選擇提現帳戶，輸入提現金額，點擊「提交」，如圖 7-105 所示。

圖 7-105　輸入提現金額

提現成功，如果要提現別的帳戶，也是同樣的方法。接下來可以進入實訓首頁「賣家中心—財務」中查看資金是否到帳。

第 8 章　速賣通

8.1　基本實訓流程介紹

　　學生根據老師分配的用戶名、密碼登錄課程。登錄時可選擇語言包含中文、英文。已經成功註冊學習帳號的用戶，請輸入帳號及密碼，點「登入」按鈕即可進入系統。尚未註冊學習帳號的用戶，請點擊畫面左邊的「註冊」。輸入信息後，點擊「確認註冊」按鈕。成功後即可登錄。

　　學生登錄後，選擇課程進入。進入課程後，首先進入主界面，如圖8-1所示。然後在首頁上查看課程要求，修改個人密碼，進入速賣通模擬實訓模塊；實訓過程中，學生可隨時查看自己的分數及排名。

　　速賣通主界面主要包括仿真實訓、我的成績、資料查詢等板塊。

圖 8-1　速賣通主界面

仿真實訓：根據不同的任務要求，扮演賣家或買家，進行開店、推廣、訂單交易等跨境業務。具體操作詳見「新手入門」。

我的成績包含速賣通排名和詳細分項2部分內容。

資料查詢包含商品、港口、HS編碼等資料查詢。

點擊新手入門中實訓操作流程導航，根據圖示進行具體操作，點擊相關步驟可查看詳細說明，如圖8-2所示。

實訓操作流程導航

點擊相關步驟查看詳細說明。

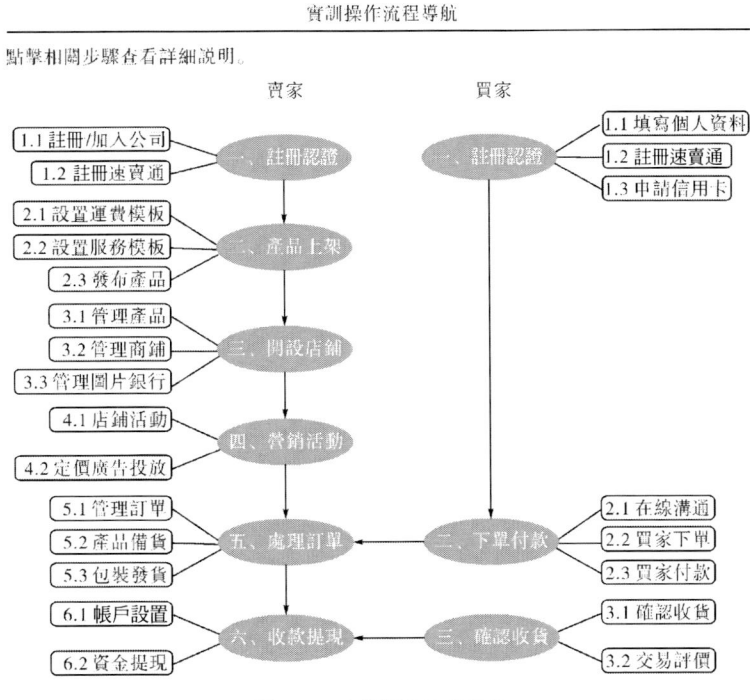

賣家　　　　　買家

1.1 註冊/加入公司　　一、註冊認證　　　一、註冊認證　　1.1 填寫個人資料
1.2 註冊速賣通　　　　　　　　　　　　　　　　　　1.2 註冊速賣通
　　　　　　　　　　　　　　　　　　　　　　　　　1.3 申請信用卡

2.1 設置運費模板
2.2 設置服務模板　　二、產品上架
2.3 發布產品

3.1 管理產品
3.2 管理商舖　　　　三、開設店舖
3.3 管理圖片銀行

4.1 店舖活動
4.2 定價廣告投放　　四、營銷活動

5.1 管理訂單　　　　　　　　　　　　　　　　　　2.1 在線溝通
5.2 產品備貨　　　　五、處理訂單　　　二、下單付款　　2.2 買家下單
5.3 包裝發貨　　　　　　　　　　　　　　　　　　2.3 買家付款

6.1 帳戶設置　　　　六、收款提現　　　三、確認收貨　　3.1 確認收貨
6.2 資金提現　　　　　　　　　　　　　　　　　　3.2 交易評價

圖8-2　實訓操作流程導航

8.2　賣家操作步驟

8.2.1　註冊認證

8.2.1.1　註冊/加入公司

根據《全球速賣通平臺規則（賣家規則）》，賣家新帳戶必須以企業身分註冊認證，不接受個體工商戶的入駐申請。因此，在正式開啓速賣通實訓歷程前，我們需要先擁有企業身分。

在實訓首頁上的賣家中心點擊「尚未註冊公司！」字樣，進入到註冊/加入公司的界面。

在這裡有 2 個選項：

第一，註冊新公司：所有相關資料需自行填寫，然後點擊「確定註冊」按鈕，如圖 8-3 所示。

圖 8-3　註冊自己公司

第二，加入已有公司：系統中提供一批已註冊公司，可直接加入，無須再填寫任何資料，如圖 8-4 所示。

圖 8-4　加入他人公司

註冊/加入公司完成後，相關資料不可修改。如果是小組模式，一個小組中只需一人註冊或加入公司即可，其他人將自動一起加入該公司。

8.2.1.2 註冊速賣通（賣家）

完成註冊/加入公司後，可在速賣通註冊賣家帳戶。《全球速賣通平臺規則》中的定義為：賣家，指全球速賣通平臺上可使用發布商品功能的會員。

在實訓首頁上點擊「進入賣家後臺」字樣，如圖 8-5 所示。

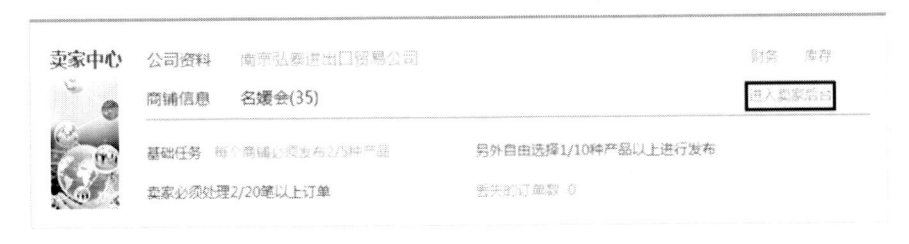

圖 8-5　進入賣家後臺

如果是第一次進入，需要先填寫以下帳號信息，點擊「確定」提交，如圖 8-6 所示。

圖 8-6　填寫帳號訊息

帳號信息均應以英文填寫。其中，英文姓名根據公司資料中的法人姓名填寫，電話號碼、省市等信息則根據公司電話、地址等資料填寫。

8.2.2 產品上架

8.2.2.1 設置運費模板

運費模板是針對交易成交後賣家需要頻繁修改運費而推出的一種運費工具。通過運費模板，賣家可以解決不同地區的買家購買商品時運費差異化的問題，還可以解決同一買家在店內購買多件商品時的運費合併問題。

運費模板是根據貨品重量的不同，使用賣家設置的到各地區的運費費率來計算運費的。當買家下單訂購時，根據所購貨品的總重量以及發貨到買家收貨地址的對應運費費率，系統將自動計算出最後需要的運費。

在發布新產品之前，學生需要先完成運費模板和服務模板的設定。

操作步驟：進入賣家後臺→產品管理→運費模板，如圖 8-7 所示。

圖 8-7　進入運費模板

點擊「新增運費模板」，如圖 8-8 所示。

圖 8-8　新增運費模板

輸入運費模板的名稱並點擊「保存」，如圖 8-9 所示。

圖 8-9　輸入運費模板名稱

保存模板名稱後，可看到下方出現了多家物流公司的列表，分為經濟類物流、簡易類物流、標準類物流、快速類物流 4 類。每類物流下面又包括多家公司，你可以對其中一家或多家公司分別設置運費（建議多設幾家以供發貨時選擇）。

請注意：需要先勾選某家物流公司，然後才能對其進行設置。可以設標準運費、賣家承擔運費或自定義運費，如圖 8-10 所示。

圖 8-10　編輯運費模板

請注意：每家物流支持送達的國家（地區），以及對單件包裹的限重都是不同的。因此在設置前，可以點擊物流公司名稱後面的「？」，查看其詳情，如圖 8-11 所示。

詳情裡的內容對於我們貨物的發運是非常重要的。例如圖 8-12 所示的「中國郵政平常小包+」，它只能運送訂單金額 5 美元以下、重量 2 千克以下的小件商品。也就是說，如果我們要銷售的產品單件的金額超過了 5 美元，或者單件的產品重量（可以在產品詳細資料文檔中查到）超過了 2 千克，那麼是無法使用「中國郵政平常小包+」來運輸的，運費模板中必須再多選擇別的物流公司，否則買家就無法購買該產品。

圖 8-11 瞭解物流詳情

中國郵政平常小包+（China Post Ordinary Small Packet Plus）

圖 8-12 中國郵政平常小包物流詳情

再例如「標準類物流」中的「e郵寶」（見圖 8-13），它雖然沒有訂單金額和重量的限制，但是它只能運往十個國家。如果我們在運費模板中只選擇了它，而沒有同時選擇別的支持運往其他國家的物流公司，那麼除了這十個國家以外的其他國家買家，就不能夠下單購買產品。

因此，在設置運費模板時，考慮到不同類型的產品（如價值比較高的、比較重的），我們可以針對這些產品分別設置多個運費模板，以便在發布不同類型產品時選用。

中郵e郵寶 (ePacket)

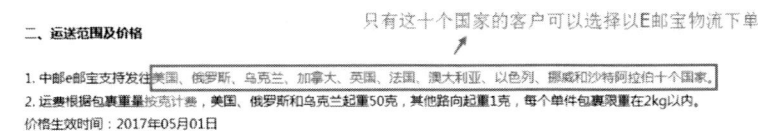

圖 8-13　e郵寶物流詳情

另外，如果你想試算到某個國家地區的運費，可點擊界面上的「物流方案選擇」；如果你想瞭解更多具體設置方法，可以參考界面上的「運費模板設置教程」，如圖 8-14 所示。

圖 8-14　運費模板設置教程

8.2.2.2　設置服務模板

設置你自己的服務模板並與商品關聯，你提供的服務就會在商品詳情頁面展示，為買家選擇商品和賣家提供參考。創建一個服務模板並在你的產品中引用，可以大大提升買家下單的概率。如果你需要修改售後服務承諾，只需要修改相應的模板即可。

在發布新產品之前，學生需要先完成運費模板和服務模板的設定。

操作步驟：進入賣家後臺→產品管理→服務模板，如圖 8-15 所示。

點擊「新增服務模板」，如圖 8-16 所示。

圖 8-15　進入服務模板

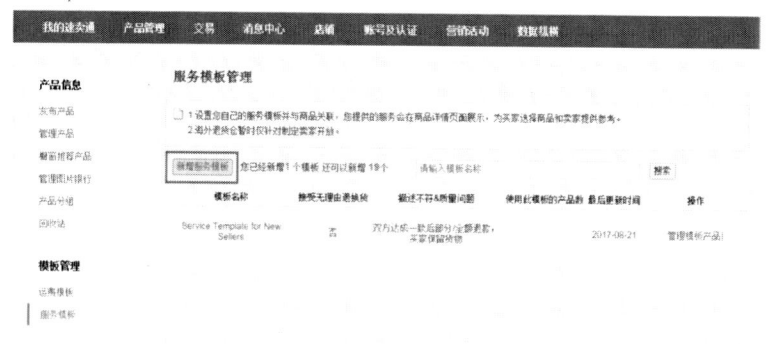

圖 8-16　新增服務模板

編輯模板的內容，然後點擊「確定」進行提交，如圖 8-17 所示。

圖 8-17　提交服務模板

8.2.2.3 發布產品

一個好的產品信息，能夠更好地提升產品的可成交性，加快買家的下單決定。因此，好的產品描述應該做到標題專業、圖片豐富、描述詳盡、屬性完整、價格合理、免運費和備貨及時等。

在發布產品之前，我們需要先進行「選品」工作——從系統提供的產品庫中挑選合適的產品。點擊如圖 8-18 所示的菜單分別查看其說明。

| 選擇產品 | 產品定價 | 發布產品 |

圖 8-18　項目選單

實訓平臺中提供了一批產品庫供賣家發布時選擇，除此之外，也支持發布其他非系統提供的產品。

查看系統提供的產品，需在實訓首頁上點擊「庫存」字樣，如圖 8-19 所示。

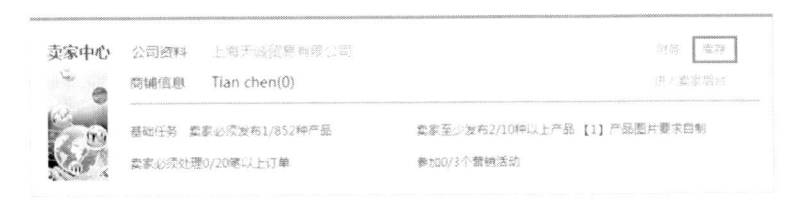

圖 8-19　進入庫存界面

進入庫存界面後，點擊上方第 3 個菜單「訂貨」，即可看到產品列表，如圖 8-20 所示。請注意：此處只是挑選產品，不需要訂貨，等到產品發布完成收到訂單了，再根據訂單數量來訂貨。

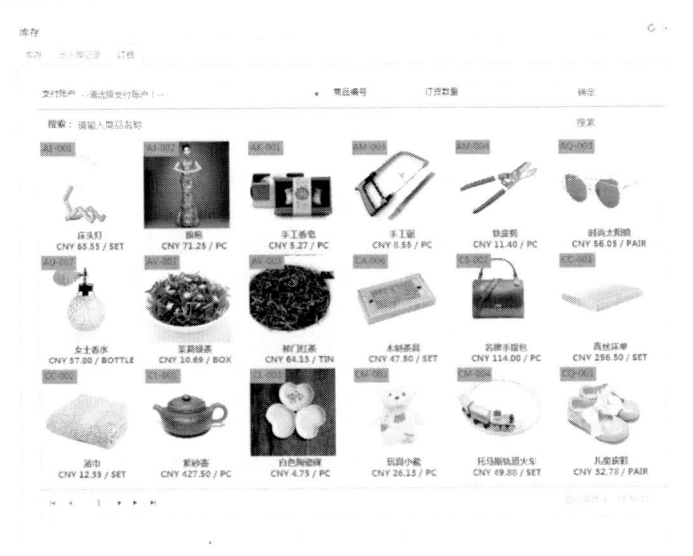

圖 8-20　查看產品列表

選擇好要發布的產品後，將鼠標移動到該產品的圖片上，會出現一個「下載」按鈕，點擊可打包下載產品相關的圖片及描述說明等資料（下載的文件夾為壓縮文件，需安裝解壓軟件進行解壓），根據這些資料，就可以準備發布產品了，如圖 8-21 所示。

圖 8-21　下載商品詳情

8.2.3　開設店鋪

8.2.3.1　管理產品

產品發布成功後，我們還可以對其進行管理、分組等。

本節主要包括以下幾項內容：管理已發布產品、櫥窗推薦產品及管理產品組。點擊如圖 8-22 所示的菜單分別查看其說明。

管理已發布產品	櫥窗推薦產品	管理產品組

圖 8-22　項目選單

操作步驟：管理已發布產品：進入賣家後臺→產品管理→管理產品。

在這裡可以看到所有已上架、編輯中及已下架的產品。對於已上架正在銷售中的產品，可以隨時再次編輯、下架、編輯推薦（推薦到店鋪櫥窗中展示）及刪除，也可以同時選中多個產品進行批量操作，如圖 8-23 所示。

圖 8-23　管理產品

「草稿箱」中的產品指的是已經保存但尚未提交的產品，可以隨時點擊「編輯」按鈕再次進入提交，如圖 8-24 所示。

圖 8-24　查看草稿箱

超過發布有效期或賣家手工下架的產品會出現在「已下架」列表中，可以隨時編輯或重新上架，如圖 8-25 所示。

圖 8-25　查看已下架

8.2.3.2　店鋪管理

完成速賣通註冊後，進入賣家後臺。賣家可先行用 PS 等工具自行設計店鋪標誌，並製作店招圖片（店鋪橫幅）等圖片，然後進入「店鋪信息」，填寫商鋪相關信息，裝點自己的門面。

店鋪管理又包含 3 個部分：店鋪信息、店鋪類目及店鋪裝修。點擊如圖 8-26 所示的菜單分別查看其說明。

| 店鋪信息 | 店鋪類目 | 店鋪裝修 |

圖 8-26　項目選單

操作步驟：進入賣家後臺→店鋪→店鋪管理。

根據平臺的規則，完善店鋪的信息，有助於引流。店鋪信息在提交審核並通過後，會更新至店鋪中。

圖 8-27　填寫店鋪訊息

店鋪各項信息請用英文填寫，盡量填寫完整。其中「店鋪標志」和「店鋪橫幅」需要上傳圖片，請按照頁面上要求的標準尺寸，用 PS 等工具製作相應大小的圖片後再上傳。信息填寫完成後，點擊右上角「保存」按鈕進行提交，也可以點擊「查看我的店鋪」，瀏覽自己店鋪的展示效果，如圖 8-27 所示。

8.2.3.3　管理圖片銀行

網上購物，買家對商品的第一印象就是圖片。圖片銀行集分組管理、圖片搜索、圖片篩選、圖片重命名等功能於一體，能夠提供更加強大的圖片管理功能，幫助賣家更加方便快捷地管理在線交易圖片。

操作步驟：進入賣家後臺→產品管理→管理圖片銀行。

點擊「創建相冊」，可創建新相冊，如圖 8-28 所示。

圖 8-28　創建新相冊

點擊相冊對應的圖標進入相冊管理界面，如圖 8-29 所示。

圖 8-29　進入相冊管理界面

點擊「本地上傳」，一次最多可同時上傳 4 張圖片，如圖 8-30 所示。

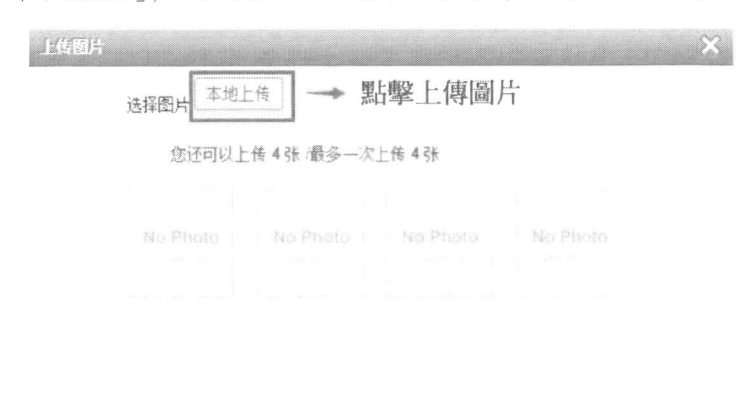

圖 8-30　上傳圖片

8.2.4 行銷活動

8.2.4.1 店鋪活動

店鋪促銷活動是指平臺為了促進賣家成長，增加更多的曝光及交易機會，定期或不定期地組織賣家發起的不同於日常銷售的特殊銷售行為及活動。促銷活動包括多種方式，賣家可根據需要選用。

店鋪活動主要包含 3 類：限時限量折扣、全店鋪打折及店鋪滿立減。點擊如圖 8-31 所示的菜單分別查看其說明。

| 限時限量折扣 | 全店鋪打折 | 店鋪滿立減 |

圖 8-31　項目選單

以限時限量折扣為例，進入賣家後臺→行銷活動→店鋪活動→限時限量活動。

請注意：同一時間段內，限時限量活動只能創建一個。

點擊「創建活動」開始創建，如圖 8-32 所示。輸入活動名稱、開始及結束時間，然後點擊「確定」，如圖 8-33 所示。

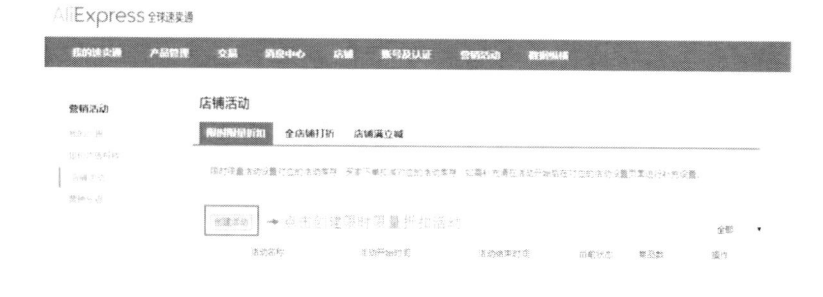

圖 8-32　進入限時限量折扣

圖 8-33　創建店鋪活動

提示：限時限量活動一旦創建且開始後，直至活動結束，中間無法進行停止操作，應謹慎創建。

活動創建成功後，還需要往裡面添加相應的折扣產品。點擊活動對應的「編輯」按鈕後進行相關操作，如圖 8-34、圖 8-35、圖 8-36 所示。

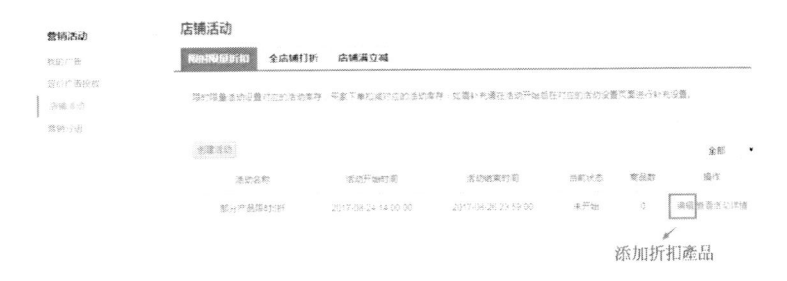

圖 8-34　編輯限時限量折扣

圖 8-35　修改活動基本訊息

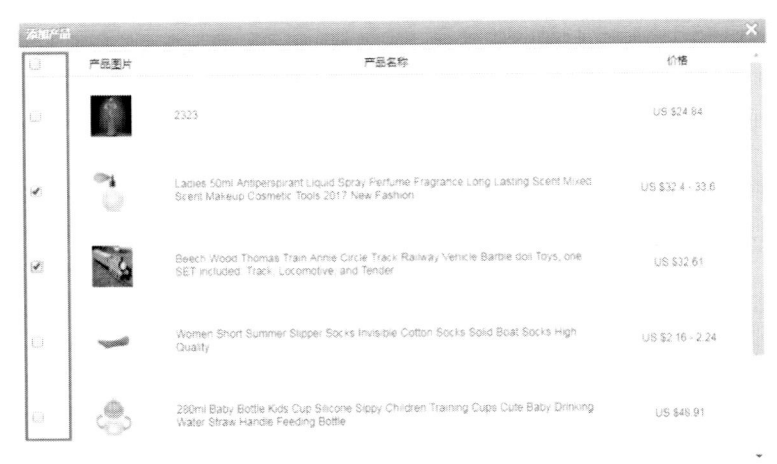

圖 8-36　添加活動產品

產品加入成功後，還需要對添加的產品設置折扣力度。分別點擊要設置的產品對

應的「修改」按鈕，然後再輸入其折扣率即可，如圖 8-37 所示。

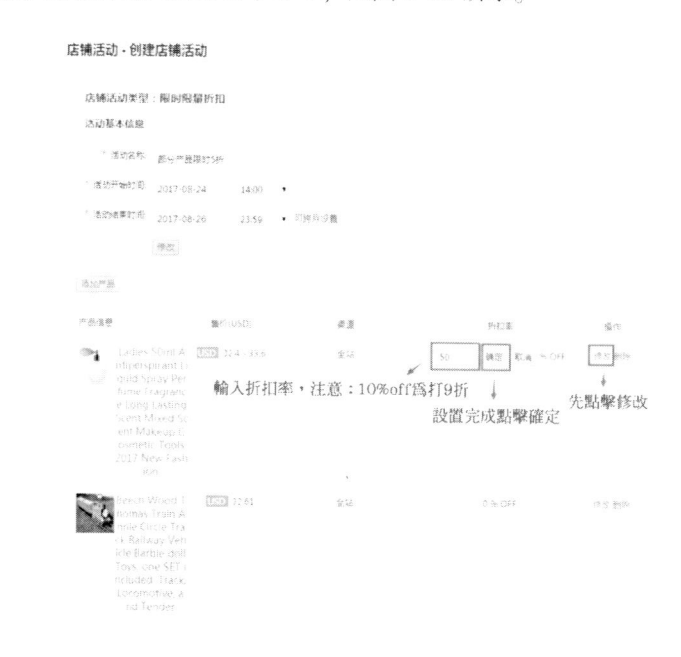

圖 8-37　修改產品折扣率

8.2.4.2　定價廣告投放

定價廣告是速賣通整合網站的資源，傾力為速賣通賣家打造的一系列優質推廣展示位，分佈於網站的各個高流量頁面，占據了頁面的焦點位置，以圖片或者櫥窗等形式展示。定價廣告僅對速賣通賣家開放，賣家可以在「速賣通產品行銷系統」平臺上購買。

投放定價廣告需要先完成支付寶充值，然後才能購買。點擊如圖 3-38 所示的菜單分別查看其說明。

支付寶充值	定價廣告投放

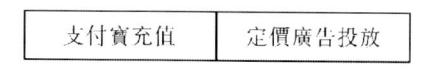

圖 8-38　項目選單

以支付寶充值為例，投放廣告需要以支付寶中的人民幣帳戶餘額來支付。在投放廣告之前，需要先充值支付寶人民幣帳戶。

操作步驟：進入賣家後臺→交易→支付寶國際帳戶，如圖 8-39 所示。

圖 8-39　進入支付寶國際帳戶

進入支付寶國際帳戶後，點擊「人民幣帳戶」對應的「充值」按鈕，如圖 8-40 所示。

圖 8-40　選擇充值帳戶

選擇支付帳戶，輸入充值金額（如果不確定充值金額，可以先到「行銷活動—定價廣告投放」頁面查詢一下具體費用，通常一次廣告在 100~1,000 元不等），然後點擊「充值」即可，如圖 8-41 所示。

圖 8-41　充值人民幣帳戶

8.2.5 處理訂單

8.2.5.1 管理訂單

在實訓平臺中，賣家發布系統產品庫內的產品後，系統將根據發布質量自動給賣家下訂單（也可由其他同學擔任買家手動下單）。賣家對於訂單應及時給予關注並及時處理，以免客戶流失。

操作步驟：進入賣家後臺→交易→所有訂單，如圖 8-42 所示。

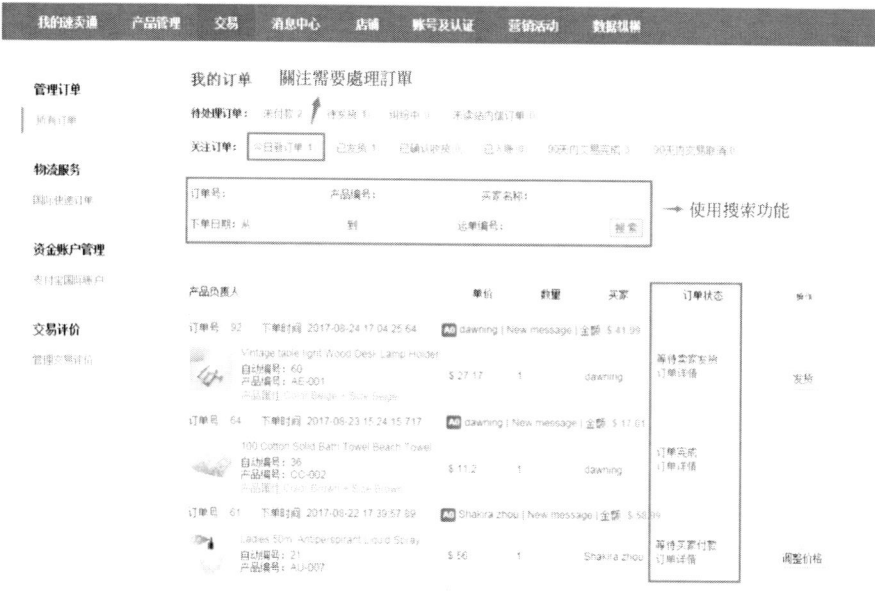

圖 8-42　所有訂單頁面

訂單通常有以下幾種狀態：

（1）等待賣家發貨：買家已經下單付款，而賣家這時需要做的操作是「發貨」；

（2）訂單完成：買家已確認收貨，賣家無須再做任何操作；

（3）等待買家付款：買家已下單，但還未付款。

對於未付款訂單，建議賣家採取以下操作：

首先，關注「站內信」，也許買家會主動發來信件，提出一些要求，例如希望降價等。

站內信的操作方法：進入賣家後臺→消息中心，查看站內信內容、回覆買家如圖 8-43、圖 8-44 所示。

圖 8-43　查看站內信

圖 8-44　回覆買家

除此之外，賣家也可以考慮主動調整價格，促使買家盡快付款。

調整價格的操作方法：進入賣家後臺→交易→所有訂單。

先查看訂單詳情，瞭解對方所在國家、地區等信息，如圖 8-45 所示。然後修改價格，給對方適當降價，如圖 8-46 所示。

圖 8-45　調整價格

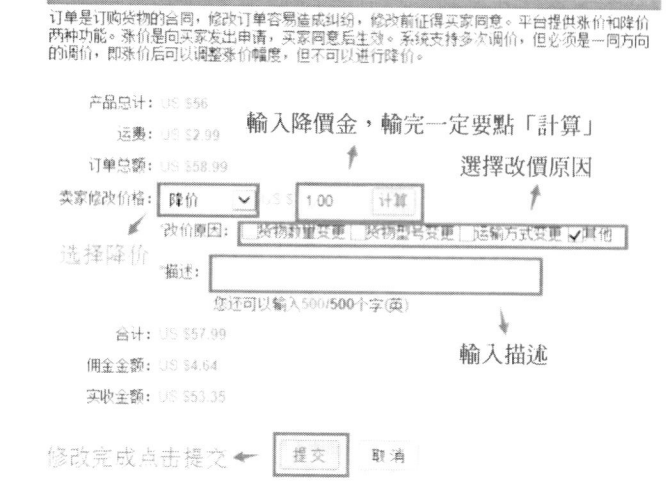

圖 8-46　訂單修改價格

8.2.5.2　產品備貨

一旦收到買家已經下單並付款的訂單，賣家就可以備貨了。當然，賣家也可以提前備貨，不過這樣會有一定的庫存風險，萬一產品滯銷，可能會造成損失。

在實訓首頁上點擊「庫存」字樣，進入庫存首頁，如圖 8-47 所示。

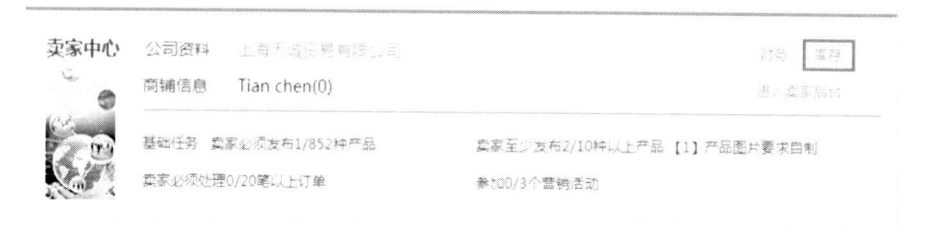

圖 8-47　進入庫存

進入庫存界面後，點擊上方第 3 個菜單「訂貨」，即可看到產品列表，如圖 8-48 所示。

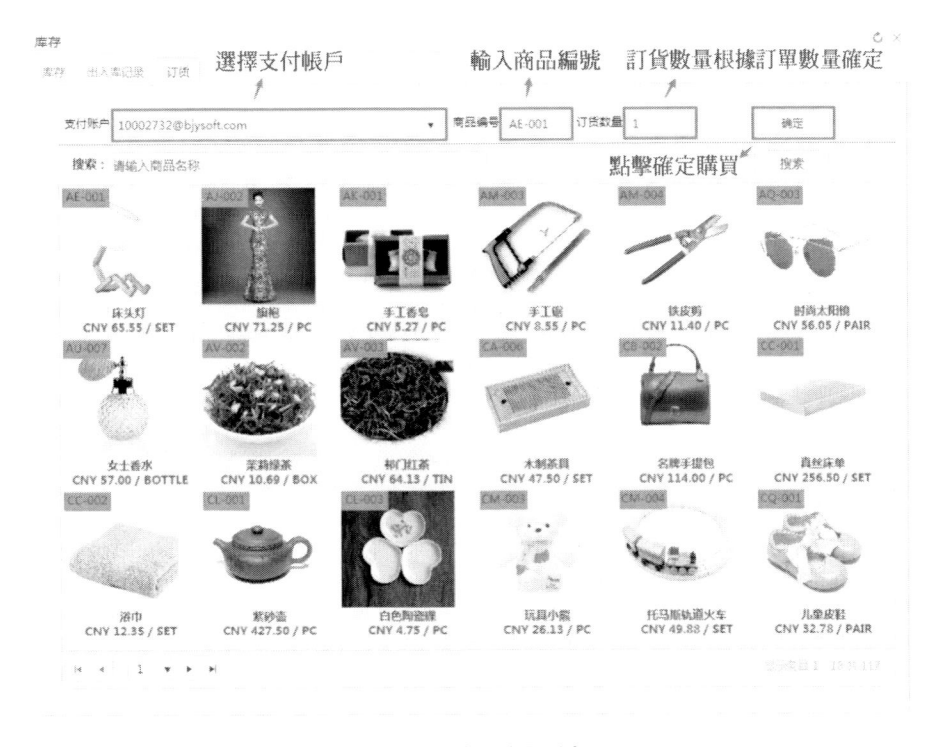

圖 8-48　查看產品列表

訂貨成功之後，可切換到「庫存」頁面查看庫存情況（需要刷新頁面），如圖 8-49 所示，也可進入「財務」界面查看費用支出。

圖 8-49　查看庫存情況

8.2.5.3　包裝發貨

賣家接到買家已付款的訂單，且在庫存中備好貨物以後，就可以準備包裝發貨。

發貨包括 3 個步驟：線上發貨、支付運費和發貨通知。點擊如圖 8-50 所示的菜單分別查看其說明。

| 線上發貨 | 支付運費 | 發貨通知 |

圖 8-50　項目選單

（1）線上發貨。操作步驟：進入賣家後臺→交易→所有訂單。

點擊「待處理訂單」中的「待發貨」項，找到需要發貨的訂單，點擊「發貨」，如圖 8-51 所示。

圖 8-51　所有訂單—待發貨頁面

首先進入的是訂單詳情頁，可以查看買家的地址信息、成交價格等，確認無誤後點擊「線上發貨」，如圖 8-52 所示。

圖 8-52　線上發貨

進入「選擇物流方案」界面。選擇發貨地址和收貨國家，輸入計算所得的包裹重量、長寬高等信息（重量按商品資料中的「Package Weight」計算，如果有多件，需乘以件數；長寬高數據則參考「Package Size」直接填寫，無須計算），然後點擊「計算國際運費」，如圖 8-53 所示。

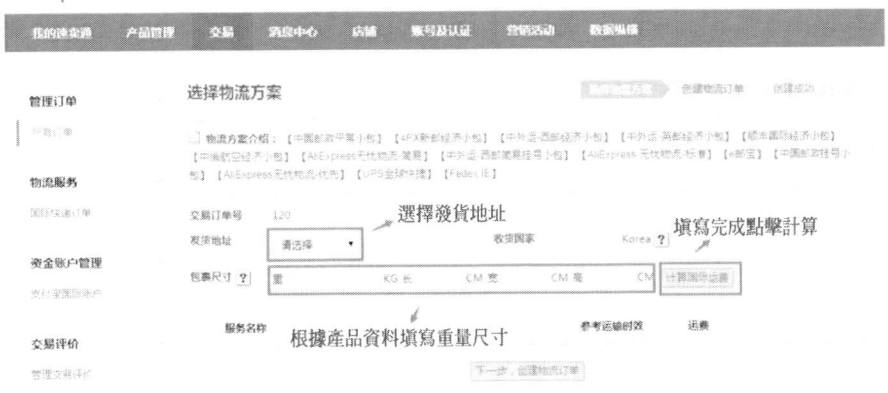

圖 8-53　選擇物流方案

查詢到不同的物流服務商，選擇其中一家（應參照訂單詳情裡買家選擇的物流公司去選，否則實際工作中可能會被買家投訴），然後點擊「下一步，創建物流訂單」，如圖 8-54 所示。

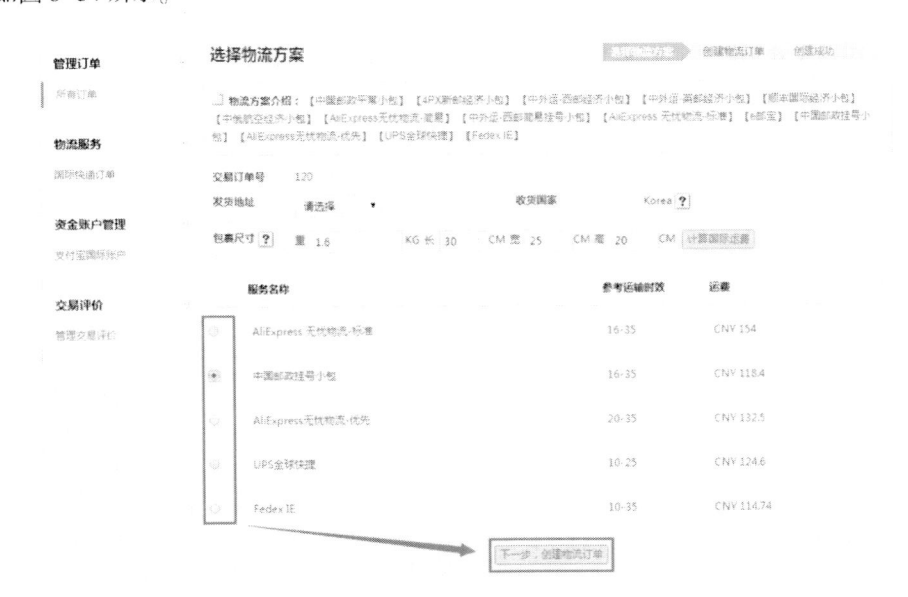

圖 8-54　創建物流訂單

確認商品信息、發貨信息等，然後點擊「提交發貨」，如圖 8-55、圖 8-56 所示。

圖 8-55　確認商品訊息、發貨訊息

圖 8-56　提交發貨

成功創建物流單，接下來應進入物流訂單詳情去支付運費。

（2）支付運費。賣家發貨後，可直接點擊發貨成功界面上的「物流訂單詳情」，或

者進入賣家後臺→交易→國際快遞訂單，找到已發貨但尚未支付運費的訂單，如圖 8-57、圖 8-58 所示。

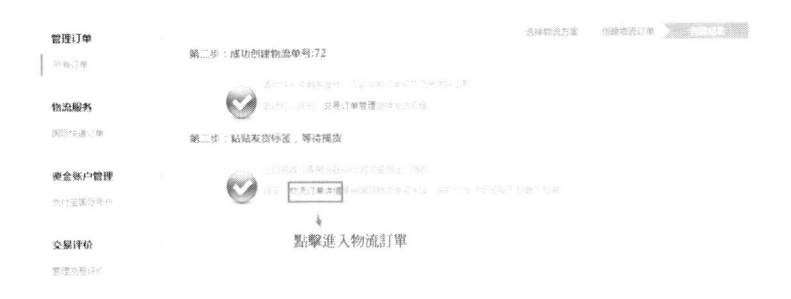

圖 8-57　進入物流訂單

圖 8-58　查看未支付運費的訂單

選擇查看「等待支付運費」項下的國際快遞訂單，點擊「立即支付」，如圖 8-59 所示。

圖 8-59　支付運費

選擇一張銀行卡，點擊「確認支付」，如圖8-60所示。

圖8-60　確認支付

支付完運費之後，發貨完成，貨物就出運了。賣家接下來需等待買家確認收貨並評價。

（3）發貨通知。完成線上發貨後，別忘了還要填寫發貨通知。

在「國際快遞訂單」的「等待支付運費」界面（已支付運費的訂單可在「發貨已完成」界面查找），點擊「填寫發貨通知」，如圖8-61所示。

圖8-61　填寫發貨通知

按照物流訂單中的內容，選擇物流名稱，並輸入運單號，點擊「確定」提交，如圖8-62所示。

144

圖 8-62　提交發貨通知

8.2.6　收款提現

8.2.6.1　帳戶設置

賣家註冊速賣通平臺後，會自動創建一個國際支付寶帳戶。賣家在速賣通中通過出售產品所賺的資金將存放在支付寶帳戶中，賣家可以通過申請提現轉入自己的個人帳戶。但在提現之前，必須先設置兩個收款帳戶：人民幣收款帳戶和美元收款帳戶。

操作步驟：進入賣家中心→交易→支付寶國際帳戶，如圖 8-63 所示。

圖 8-63　進入支付寶國際帳戶

分別設置美元帳戶和人民幣帳戶的銀行帳號（兩個帳戶可用同一張卡綁定）。首先點擊美元帳戶對應的「設置銀行帳號提現」，如圖 8-64 所示。

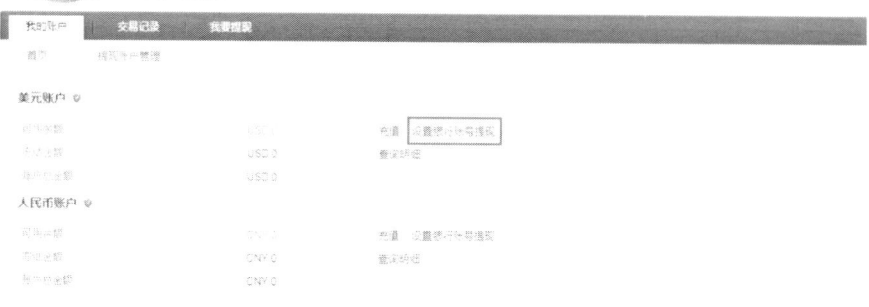

圖 8-64　設置銀行帳號提現

根據公司資料填寫各項信息，再點擊「保存」，如圖 8-65 所示。

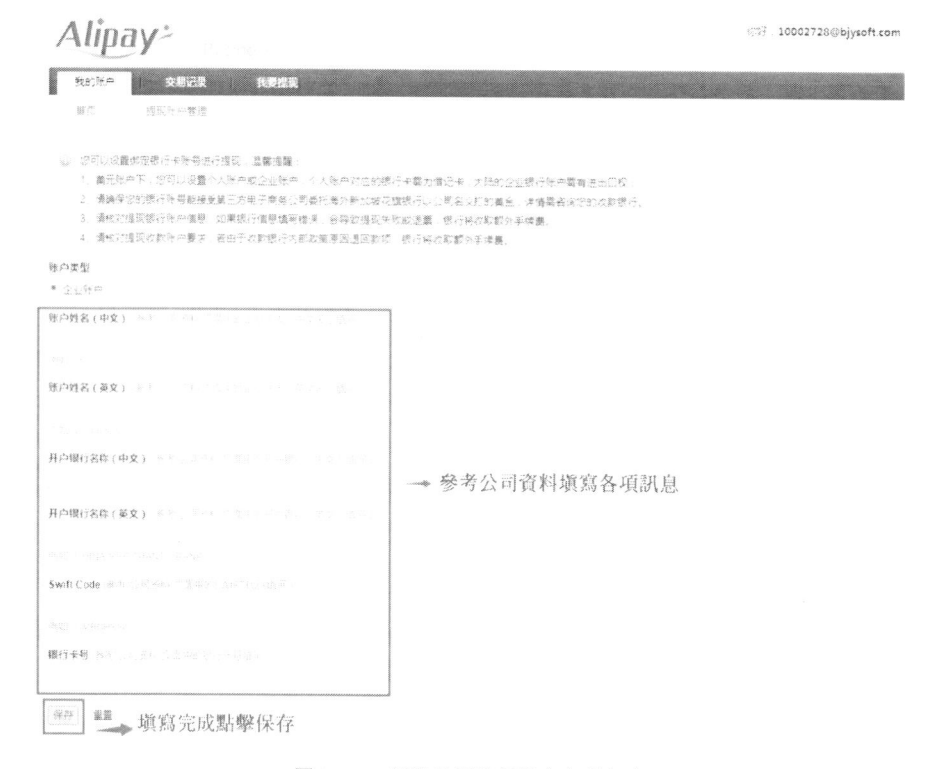

圖 8-65　根據公司資料填寫各項訊息

人民幣帳戶也用類似方法添加，設置銀行帳號後才可進行提現。

8.2.6.2　資金提現

如果已經設置好收款帳戶，當支付寶帳戶裡有可用餘額時，賣家可以進行提現。進入賣家中心→交易→支付寶國際帳戶，在要提現的帳戶頁面右側點擊「提現」

按鈕，如圖 8-66 所示。

圖 8-66　進入提現界面

輸入提現金額，點擊「下一步」，如圖 8-67 所示。

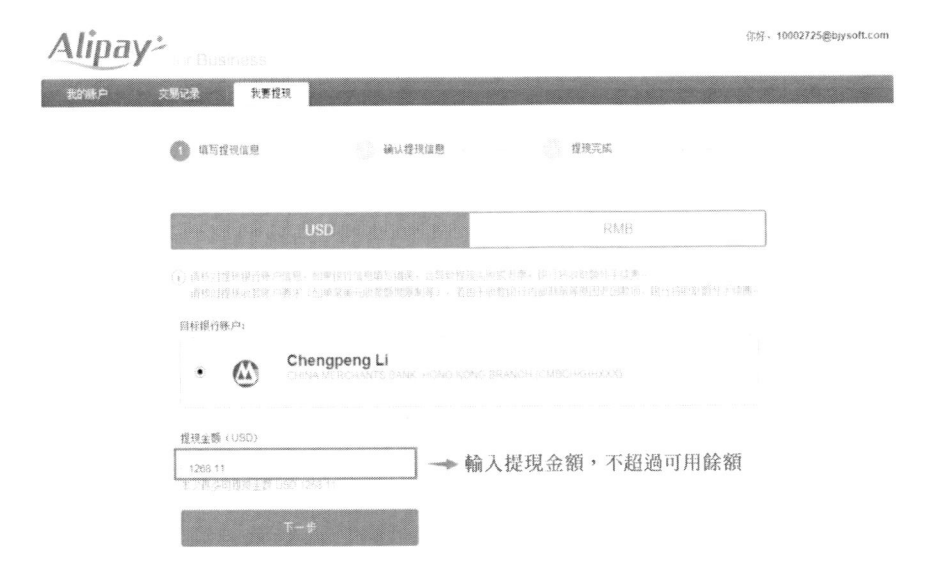

圖 8-67　輸入提現金額

提現成功後，如果要提現人民幣帳戶，也是同樣的方法。接下來可以進入實訓首頁「賣家中心—財務」中查看資金是否到帳。

8.3 買家操作步驟

8.3.1 註冊認證

8.3.1.1 填寫個人資料

實訓中，每個學生不僅擁有賣家身分（公司），也同時擁有一個買家身分（個人）。在擔任買家進行實訓之前，需要先填寫一些個人資料，如買家收貨地址等，然後才能進入速賣通買家中心進行操作。

在實訓首頁上的買家中心點擊「未註冊」字樣，進入填寫個人資料的界面，如圖 8-68 所示。

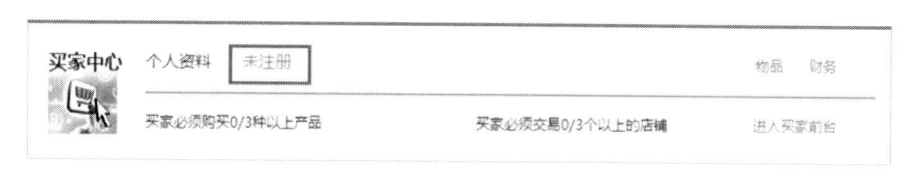

圖 8-68 註冊認證

系統中提供了近 50 個國家供買家選擇，相關的地址、城市等資料也應該根據國家來填寫，填寫完成後點擊「提交」，如圖 8-69 所示。

圖 8-69 提交個人資料

提交後，相關資料不可再修改。

8.3.1.2 註冊速賣通

完成個人資料的填寫後，可在速賣通註冊買家帳戶。註冊完買家帳戶以後，就可

以自由瀏覽賣家發布的產品，並對產品進行下單購買了。

在實訓首頁上點擊「進入買家前臺」字樣，如圖 8-70 所示。

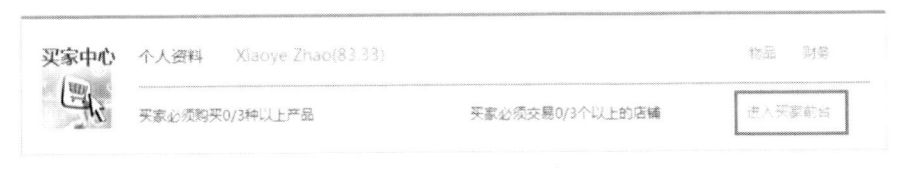

圖 8-70　進入買家前臺

如果是第一次進入，需要先填寫以下帳號信息，點擊「Confirm」提交，如圖 8-71 所示。

圖 8-71　提交帳號訊息

8.3.1.3　申請信用卡

在模擬實訓過程中，當學生以買家身分（個人）進行訂單支付時，均使用信用卡進行結算。因此，買家需要先申請信用卡才能進行支付訂單等操作，詳見 7.2.1.3 流程講解。

8.3.2　下單付款

8.3.2.1　在線溝通

買家在瀏覽商品，準備下單的過程中，可以先通過速賣通的站內信功能與賣家取得聯繫、確認細節、討論運費，或者是爭取更大的優惠折扣等。

在實訓首頁上點擊「進入買家前臺」字樣，進入速賣通買家首頁，如圖 8-72 所示。

图 8-72　進入買家前臺

在速賣通主頁上，買家可以直接瀏覽賣家發布的產品，也可以通過產品分類進行查看，或者是直接在搜索框內輸入關鍵詞搜索，找到自己心儀的產品，如圖 8-73 所示。

圖 8-73　速賣通主頁

買家找到有購買意向的商品後，可仔細瀏覽其各項屬性，包括售價、運費、詳情、買家評價等。在正式下單前，如果有任何關於品質細節或價格方面的疑問，可先與賣家進行溝通。具體方法為點擊產品詳情頁面右上角的「Contact Now」，如圖 8-74 所示。

進入站內信發送頁面，輸入信件內容發送給賣家，如圖 8-75 所示。

図 8-74　產品詳情頁面

図 8-75　向賣家發送站內信

賣家可進入站內信界面瀏覽並回覆買家，賣家回覆後，買家可以在速賣通首頁上點擊「消息中心」進入查看，如圖 8-76 所示。

圖 8-76　查看「消息中心」

8.3.2.2　買家下單

買家找到心儀的產品，並與賣家就各項條件溝通完畢達成一致後，就可以下單了。

打開準備購買的產品詳情頁面，選擇相應的尺碼、顏色，輸入購買數量，選擇物流公司，然後點擊「Buy Now」立即購買，或點擊「Add to Cart」加入購物車，如圖 8-77 所示。

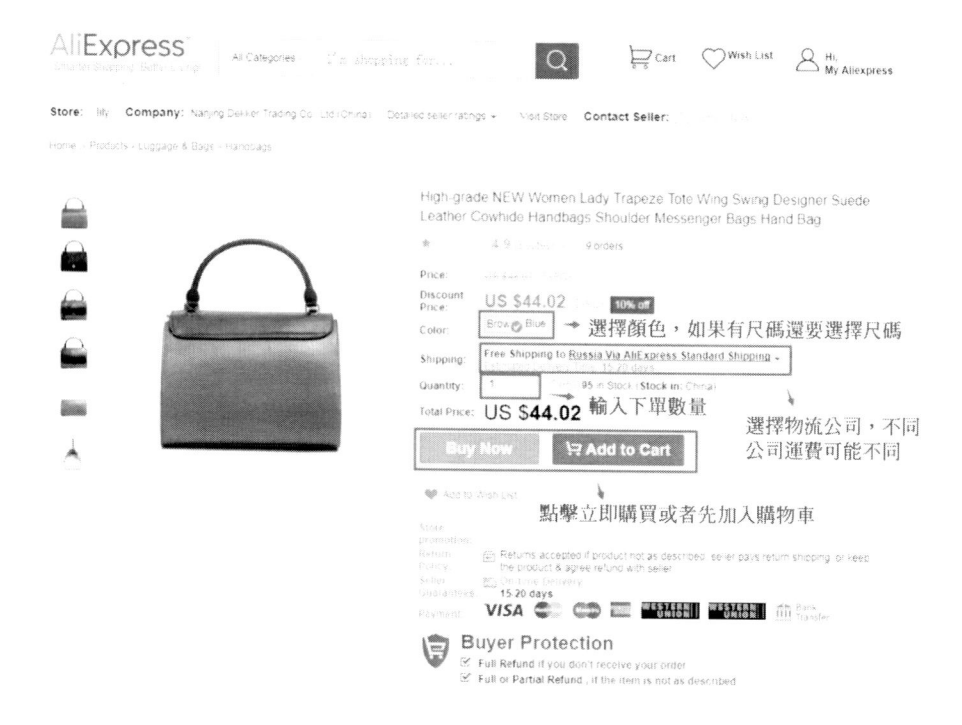

圖 8-77　產品購買

如果是加入了購物車，可以在賣家店鋪中再選擇其他的產品，一併加入購物車後，點擊進入購物車，如圖 8-78 所示。

圖 8-78　進入購物車

再次確認產品的相關信息，無誤後點擊「Buy All」進行購買，如圖 8-79 所示。

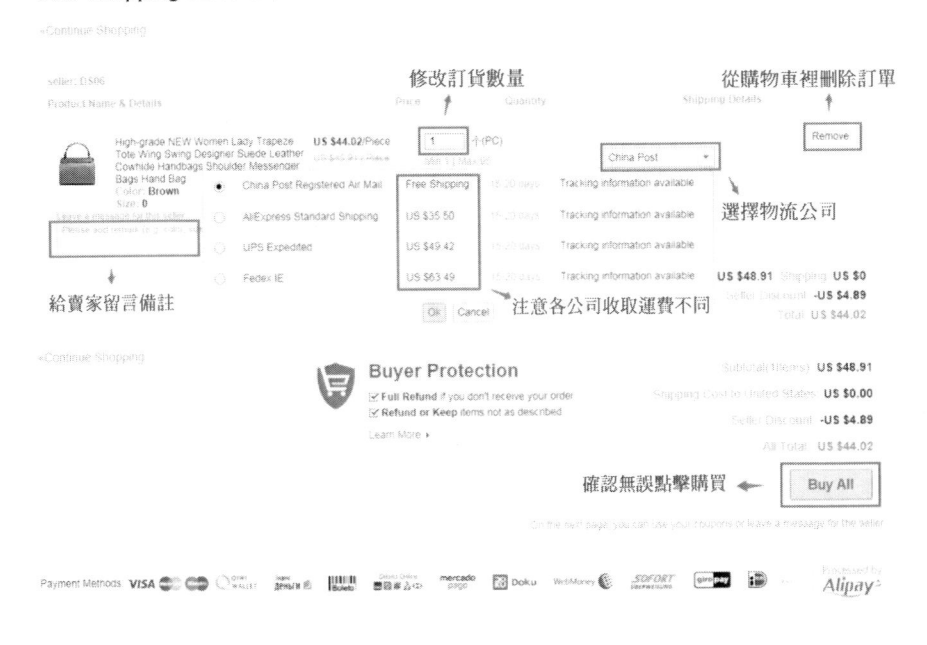

圖 8-79　確認產品的相關信息

進入下單界面，再次確認各項信息（買家收貨地址已由系統根據買家資料自動填寫），確認無誤後點擊「Place Order」按鈕，如圖 8-80 所示。

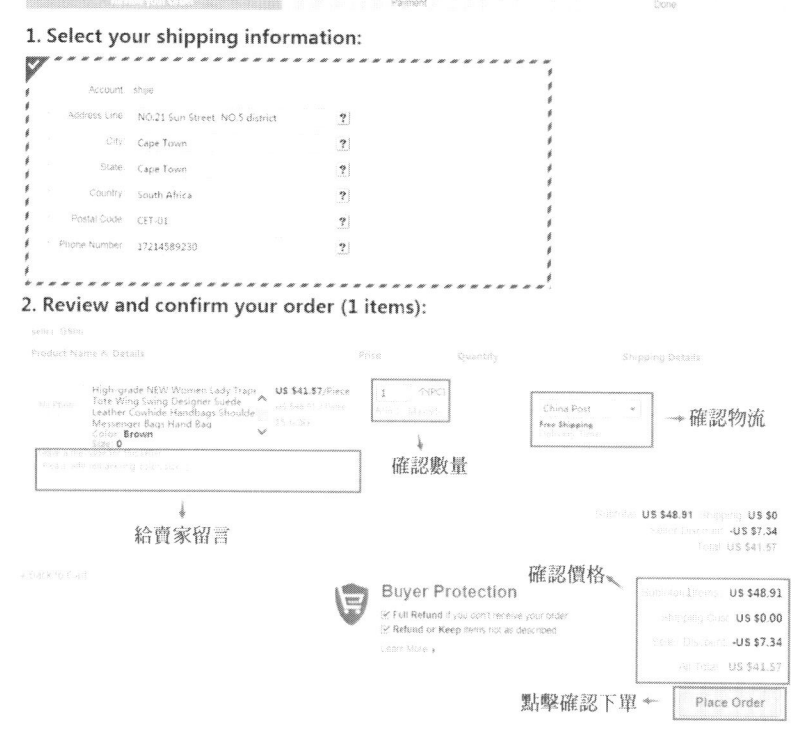

圖 8-80　下單

這樣買家下單就完成了，接下來進入支付訂單環節。

8.3.2.3　買家付款

買家下單成功後，會直接進入付款界面。在支付訂單之前，需要先完成申請信用卡操作。

如果買家在下單後並沒有立即支付，而是關掉了頁面，可以通過在首頁上點擊「My Orders」進入訂單頁面，繼續支付操作，如圖 8-81 所示。

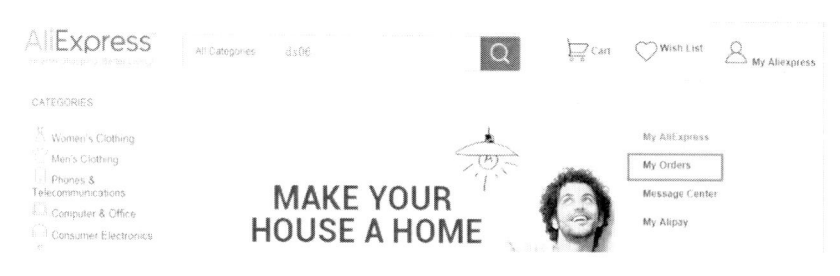

圖 8-81　進入訂單頁面

點擊「Pay Now」繼續支付訂單，如圖 8-82 所示。

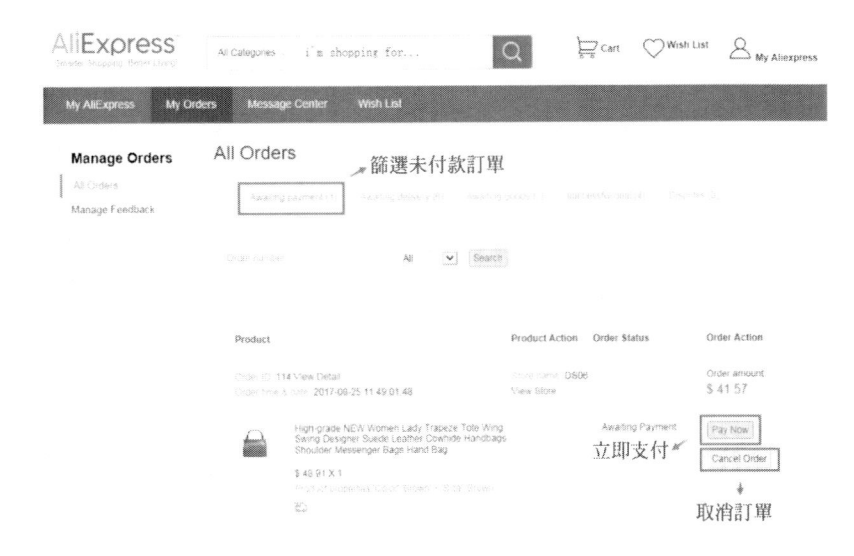

圖 8-82　繼續支付訂單

輸入銀行卡號等信息（參照「買家—財務」中的信用卡信息填寫），再點擊「Pay for order」，如圖 8-83 所示。

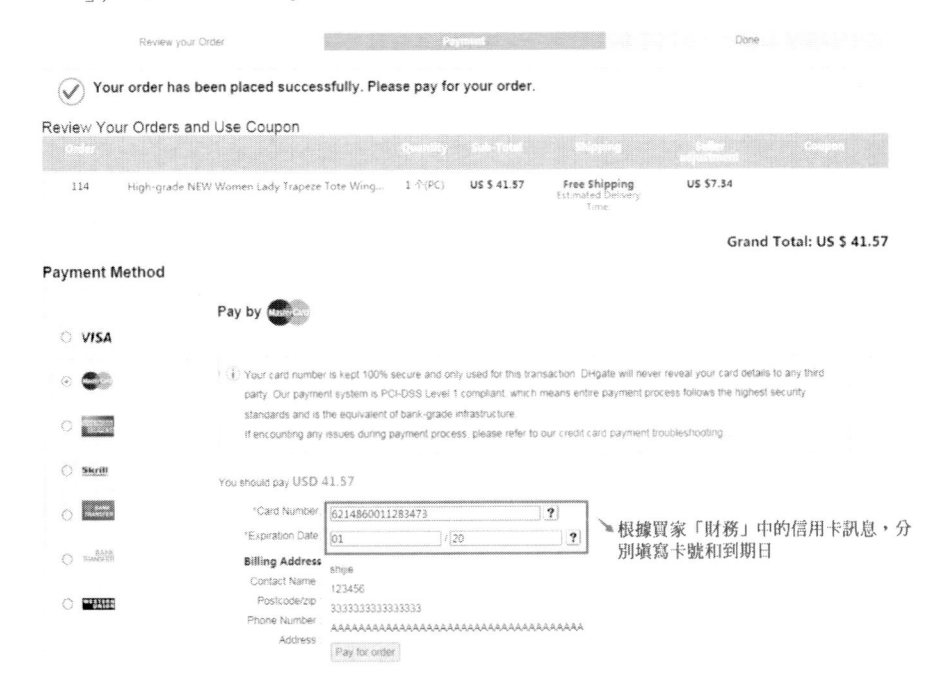

圖 8-83　填寫銀行卡訊息

支付成功，接下來就等待賣家發貨了，如圖 8-84 所示。

圖 8-84　支付成功

8.3.3　確認收貨

8.3.3.1　確認收貨

賣家發貨後，買家收到貨後需要進行確認收貨操作。

進入買家前臺，在速賣通首頁上點擊「My Orders」進入訂單頁面，如圖 8-85 所示。

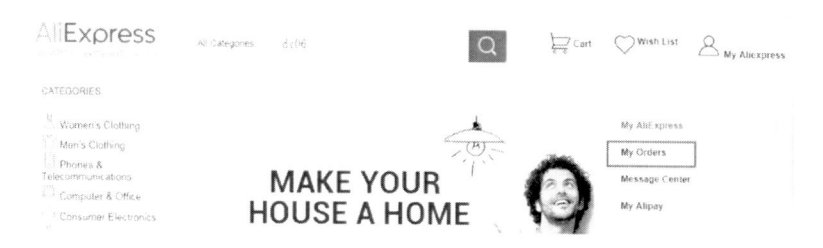

圖 8-85　進入訂單頁面

點擊「Awaiting goods」，找到賣家已發貨的訂單，點擊其對應的「Confirm the goods」按鈕，如圖 8-86 所示。

圖 8-86　確認收貨

確認收貨成功，接下來可以回到實訓首頁，點擊買家中心對應的「物品」按鈕，查看收到的貨物，如圖 8-87、圖 8-88 所示。

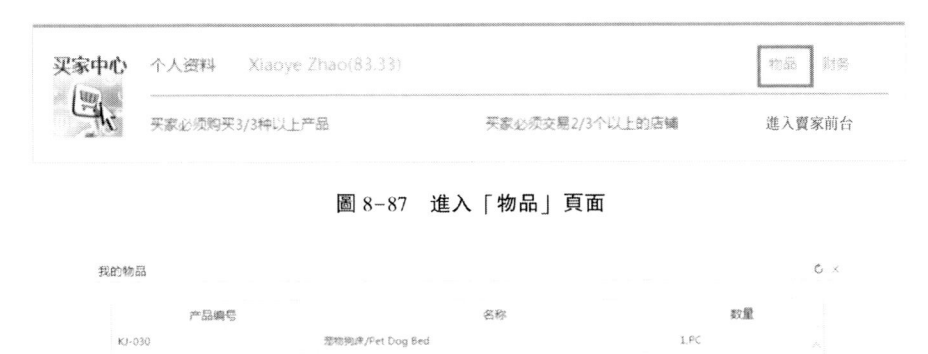

圖 8-87　進入「物品」頁面

圖 8-88　查看「物品」

8.3.3.2　交易評價

確認收貨完成後，買家還可以給予賣家關於產品質量、服務等方面的評價。

進入買家前臺，在速賣通首頁上點擊「My Orders」進入訂單頁面，如圖 8-89 所示。

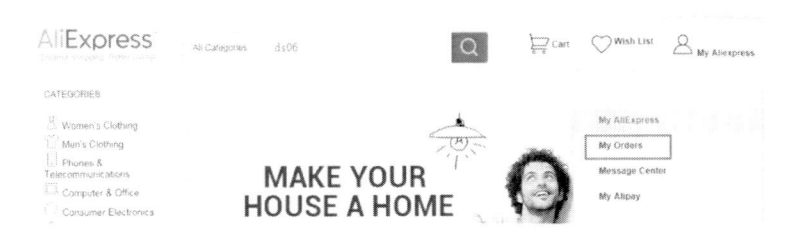

圖 8-89　進入訂單頁面

點擊左側下方的「Manage Feedback」進入管理訂單評價頁面，如圖 8-90 所示。

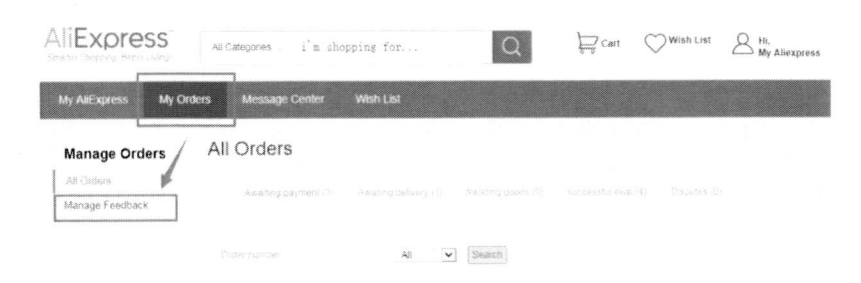

圖 8-90　進入管理訂單評價頁面

點擊「Orders Awaiting My Feedback」篩選出要評價的訂單，然後點擊對應的「Post feedback」按鈕進行評價，如圖 8-91 所示。

圖 8-91　發表評價

對商品是否與描述相符、運輸時間等項目打分，輸入評價內容，並可上傳產品圖片，最後點擊「Submit your feedback」提交，如圖 8-92 所示。

圖 8-92　提交評價

評價提交成功，此筆訂單完成。

第 9 章　阿里國際站

9.1　基本實訓流程介紹

　　學生根據老師分配的用戶名、密碼登錄課程。登錄時可選擇語言包含中文、英文。已經成功註冊學習帳號的用戶，請輸入帳號及密碼，點「登入」按鈕即可進入系統。尚未註冊學習帳號的用戶，請點擊畫面左邊的「註冊」。輸入信息後，點擊「確認註冊」按鈕。成功後即可登錄。

　　學生登錄後，選擇課程進入。進入課程後，首先進入主界面，如圖 9-1 所示。然後在首頁上查看課程要求，修改個人密碼，進入速賣通模擬實訓模塊；實訓過程中，學生可隨時查看自己的分數及排名。

　　阿里國際站主界面上包括通知、資料查詢、新手入門（幫助）、任務要求、我的公司、後臺管理等內容，如圖 9-1 所示。

圖 9-1　阿里國際站主界面

根據不同的任務要求，學生可扮演外貿公司負責人，進行開店、推廣、訂單交易等跨境業務。具體操作詳見主界面左側「新手入門」。點擊「新手入門」中實訓操作流程導航，根據圖示進行具體操作，點擊相關步驟可查看詳細說明，如圖 9-2 所示。

實訓操作流程：（點擊相關步驟查看詳細說明）

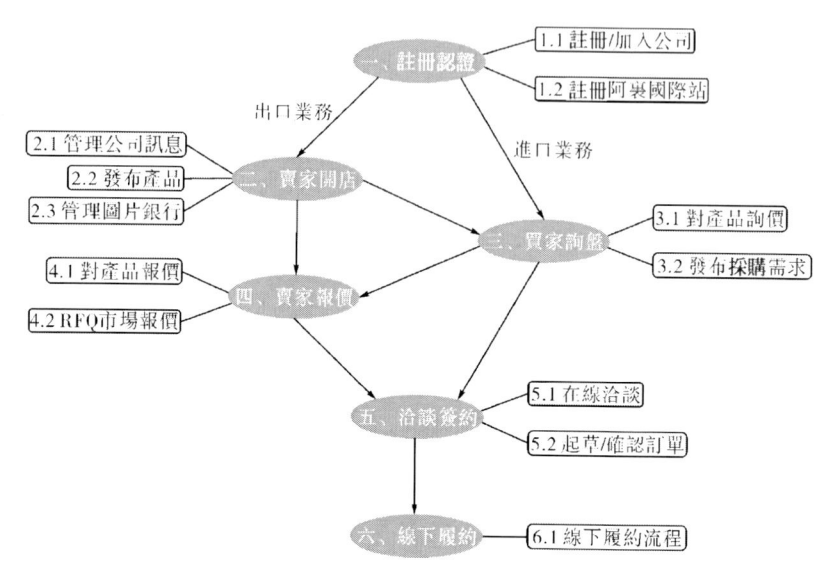

```
                         ┌─ 1.1 註冊/加入公司
              ┌─一、註冊認證─┤
              │            └─ 1.2 註冊阿里國際站
       出口業務│
              │              進口業務
2.1 管理公司訊息─┐
2.2 發布產品────┼─二、賣家開店─────┐
2.3 管理圖片銀行─┘                 │
                                  ↓                ┌─ 3.1 對產品詢價
                            三、買家詢盤────────────┤
4.1 對產品報價─┐                                    └─ 3.2 發布採購需求
              ├─四、賣家報價←─
4.2 RFQ市場報價─┘
                    ↓
              ┌─五、洽談簽約─┬─ 5.1 在線洽談
              │             └─ 5.2 起草/確認訂單
              ↓
         六、線下履約──── 6.1 線下履約流程
```

圖 9-2　實訓操作流程

9.2　操作步驟

9.2.1　註冊認證（賣家）

9.2.1.1　註冊/加入公司

在正式開啟阿里國際站實訓歷程前，我們需要先擁有企業身分。

操作步驟：

在實訓首頁上的賣家中心點擊「未註冊」字樣，進入註冊/加入公司的界面，如圖 9-3 所示。

圖 9-3　註冊認證

第 9 章　阿里國際站

在這裡有 2 個選擇：

第一，註冊新公司：所有相關資料需自行填寫。系統中提供了近 50 個國家供選擇，相關的地址、郵編等資料也應該根據國家來填寫（提示：不同國家之間才能交易，因此不要都選擇相同的國家），填寫完成後點擊「確定註冊」按鈕，如圖 9-4 所示。

圖 9-4　註冊自己公司

第二，加入已有公司：系統中提供一批已註冊公司，可直接加入，無須再填寫任何資料，如圖 9-5 所示。

圖 9-5　加入他人公司

161

註冊/加入公司完成後，相關資料不可再修改。如果是小組模式，一個小組中只需一人註冊或加入公司即可，其他人將自動一起加入該公司。

9.2.1.2 註冊阿里國際站

完成註冊/加入公司後，就可以在阿里國際站註冊帳戶了。

操作步驟：

在實訓首頁上點擊「後臺管理」字樣，如圖9-6所示。

圖9-6 進入後臺管理

在左側菜單中選擇「建站管理—註冊阿里巴巴」，如圖9-7所示。

圖9-7 註冊阿里巴巴

如果是第一次進入，需要先填寫帳號信息，點擊「確定」提交，如圖9-8所示。

圖 9-8　填寫帳號訊息

相關信息均根據「公司管理—公司信息」中的資料填寫。所有信息一經確認提交，則無法修改，應謹慎填寫。

9.2.2　賣家開店

9.2.2.1　管理公司信息

完成阿里國際站註冊後，賣家可先行用 PS 等工具自行設計公司標志，並製作公司形象展示圖等圖片，然後進入「建站管理」，完善公司的基本信息及其他展示信息，裝點自己的門面。

操作步驟：

在左側菜單中選擇「建站管理—管理公司信息」，如圖 9-9 所示。

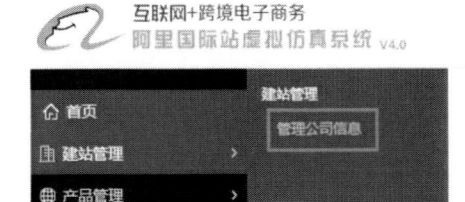

圖 9-9　管理公司訊息

根據平臺的規則，完善公司信息，有助於引流。公司信息又包括基本信息、工廠信息、貿易信息、展示信息和證書、商標及專利 5 項，一般來說基本信息和展示信息必不可少，其他 3 項可根據需要自行決定是否填寫，如圖 9-10 所示。

圖 9-10　填寫公司基本訊息

9.2.2.2　發布產品

一個好的產品信息，能夠更好地提升產品的可成交性，加快買家的下單決定。因此，好的產品描述應該做到標題專業、圖片豐富、描述詳盡、屬性完整、價格合理、免運費和備貨及時等。

在發布產品之前，我們需要先進行「選品」工作——從系統提供的產品庫中挑選合適的產品。

（1）選擇產品。實訓平臺中提供了一批產品供賣家發布時選擇，不支持發布其他非系統提供的產品。

查看系統提供的產品，可在課程首頁上點擊「工廠訂貨」，如圖 9-11 所示。

圖 9-11　進入工廠訂貨界面

進入工廠訂貨界面，即可看到產品列表，如圖 9-12 所示。請注意：此處只是挑選產品，不需要訂貨，等到產品發布完成收到訂單了，再根據訂單數量來訂貨。

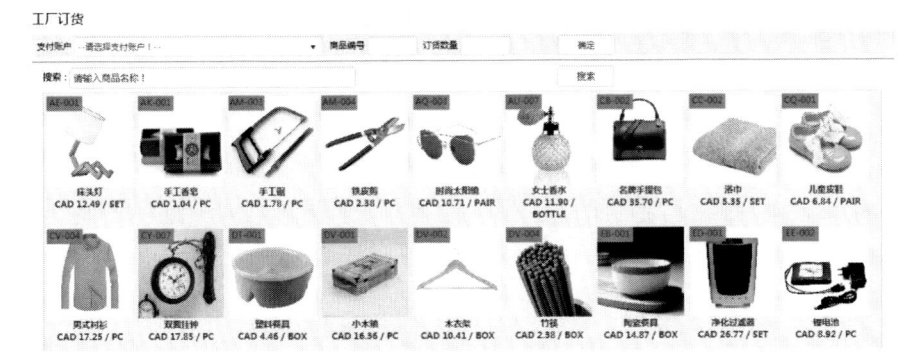

圖 9-12　產品列表

選擇好要發布的產品後，將鼠標移動到該產品的圖片上，會分別出現「詳細信息」和「下載資料」按鈕，如圖 9-13 所示。點擊「下載資料」可打包下載產品相關的圖片及描述說明等資料（下載的文件夾為壓縮文件，需安裝解壓軟件進行解壓），根據這些資料，就可以準備發布產品了。

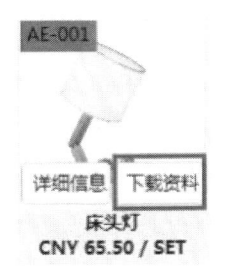

圖 9-13　下載資料

（2）產品定價。產品價格不是影響海外買家購買產品的唯一因素，但絕對是一個至關重要的因素。合理的產品定價可以幫助賣家迎合國外買家的需求，從而使賣家贏得更多的訂單；不合理的產品定價則可能使賣家和訂單失之交臂，甚至是影響賣家的交易信用和利益。

（3）發布產品。在左側菜單中選擇「產品管理—發布產品」，如圖 9-14 所示。

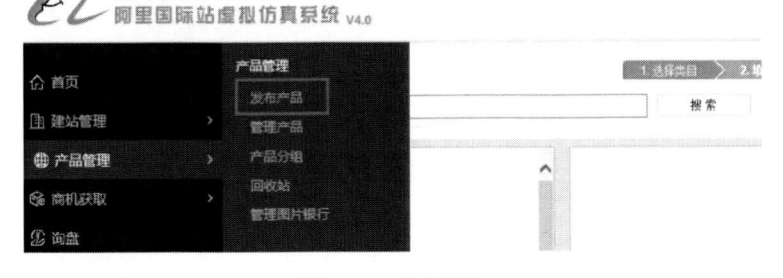

圖 9-14　發布產品

①類目選擇。請注意一定要根據自己產品所屬的實際類目進行選擇，以方便買家更加快速地找到產品，如圖9-15所示。

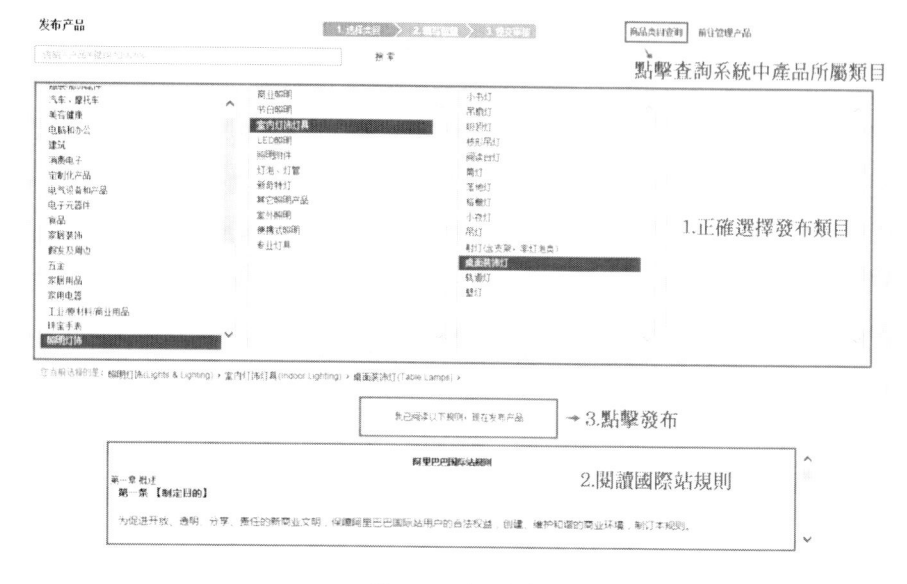

圖9-15　類目選擇

②選擇產品編號，如圖9-16所示。

圖9-16　選擇產品編號

③產品標題填寫。產品標題是買家搜索到產品並吸引買家點擊進入產品詳情頁面的重要因素。字數不應太多，盡量準確、完整、簡潔。一個好的標題中可以包含產品的名稱、核心詞和重要屬性。產品名稱填寫界面如圖9-17所示。

圖9-17　填寫產品名稱

例如：Baby Girl amice blouse Pink amice Coat With Black Lace /Suit Must Have Age Baby：1-6Month Sample Support

請注意：請不要在標題中羅列、堆砌相同意思的詞，否則會被判定為標題堆砌。

④產品關鍵詞及產品圖片賣家。賣家可添加多個關鍵詞，提高產品被搜索到的概率；在選擇產品圖片時，可以選擇發布多圖產品，最多可以展示 6 張圖片，如圖 9-18 所示。多圖產品的圖片能夠全方位、多角度展示產品，大大提高買家對產品的興趣。

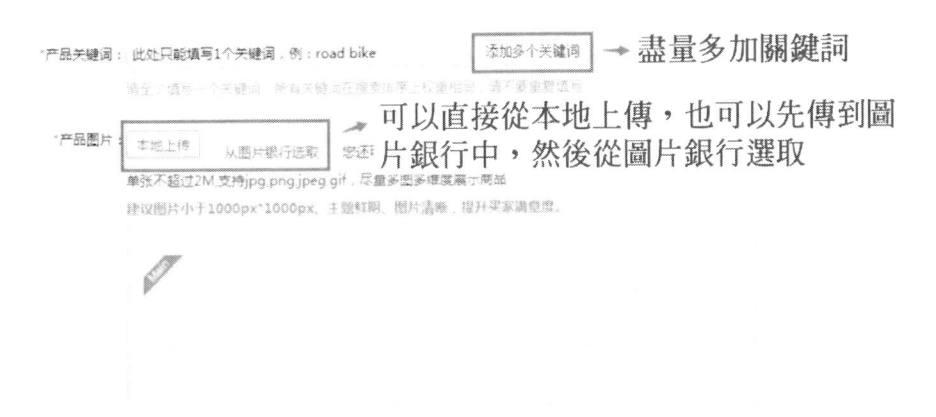

圖 9-18　添加產品關鍵詞及產品圖片

⑤產品屬性填寫。屬性包括系統定義的屬性和自定義屬性，根據產品的詳細資料填寫，如圖 9-19 所示。

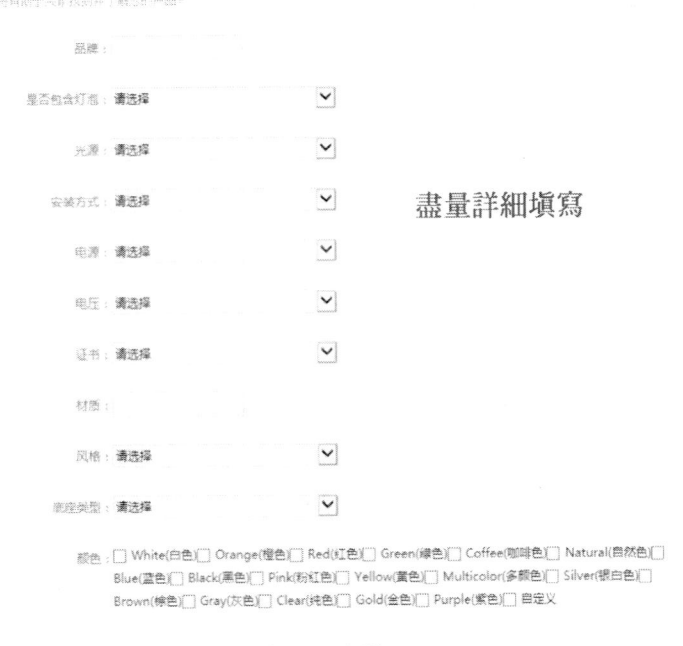

圖 9-19　填寫產品屬性

⑥交易信息填寫，如圖9-20所示。

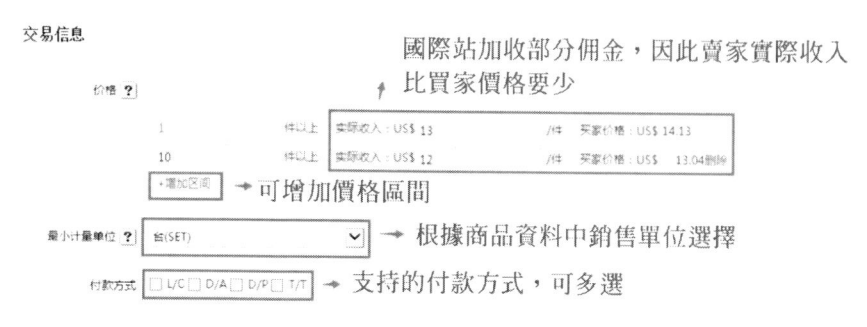

交易信息

國際站加收部分佣金，因此賣家實際收入比買家價格要少

價格 ?　　　1　件以上　實際收入：US$ 13　　/件　買家價格：US$ 14.13
　　　　　　10　件以上　實際收入：US$ 12　　/件　買家價格：US$ 13.04刪除

+增加區間　→ 可增加價格區間

最小計量單位 ?　　台(SET)　　→ 根據商品資料中銷售單位選擇

付款方式　□L/C □D/A □D/P □T/T　→ 支持的付款方式，可多選

圖9-20　填寫交易訊息

⑦物流信息填寫，如圖9-21所示。港口信息可在左側菜單「資料查詢—港口」中查找；在填寫包裝設置時，一定要填寫產品包裝後的尺寸，這直接與運費價格相關，故應準確填寫。

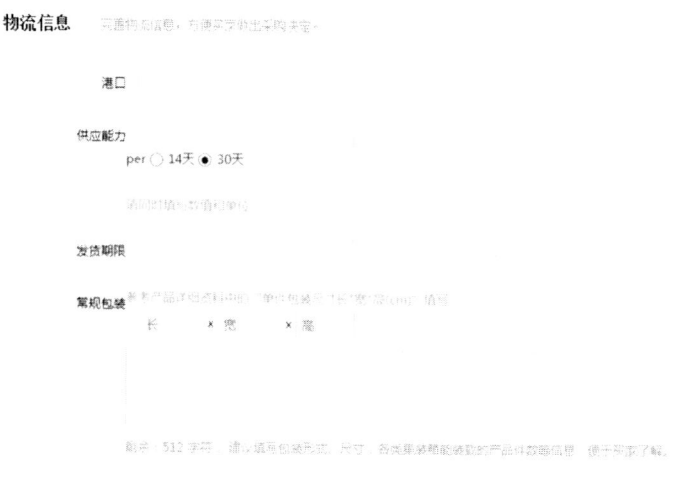

物流信息

港口

供應能力
per ○ 14天 ● 30天

發貨期限

寫規包裝
長　×　寬　×　高

圖9-21　填寫物流訊息

⑧產品詳細描述填寫，如圖9-22所示。賣家應盡量簡潔清晰地介紹產品的主要優勢和特點，不要將產品標題複製到簡要描述中。

產品的詳細描述是讓買家全方面瞭解商品並有意向下單的重要因素。優秀的產品描述能增強買家的購買慾望，加快買家下單速度。一個好的詳細描述主要包含以下幾個方面：

a. 商品重要的指標參數和功能（例如服裝的尺碼表、電子產品的型號及配置參數）；

b. 5張及以上詳細描述圖片；

c. 售後服務條款。

圖 9-22　填寫產品詳細描述

⑨選擇產品分組：如果事先已經建好產品組，此處可直接選擇；也可暫不選，以後再對產品組進行管理，如圖 9-23 所示。

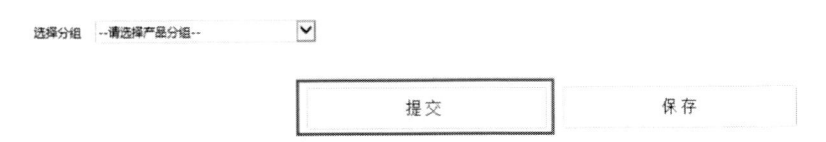

圖 9-23　選擇產品分組

在編輯完產品之後，點擊提交，產品會進入審核階段，審核通過後，買家就可以找到產品。

9.2.2.3　管理圖片銀行

操作步驟：

在左側菜單中選擇「產品管理—管理圖片銀行」，如圖 9-24 所示。

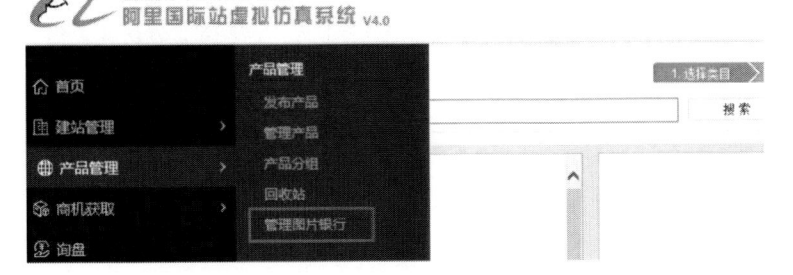

圖 9-24　管理圖片銀行

點擊相冊對應的圖標進入相冊管理界面，如圖9-25所示。

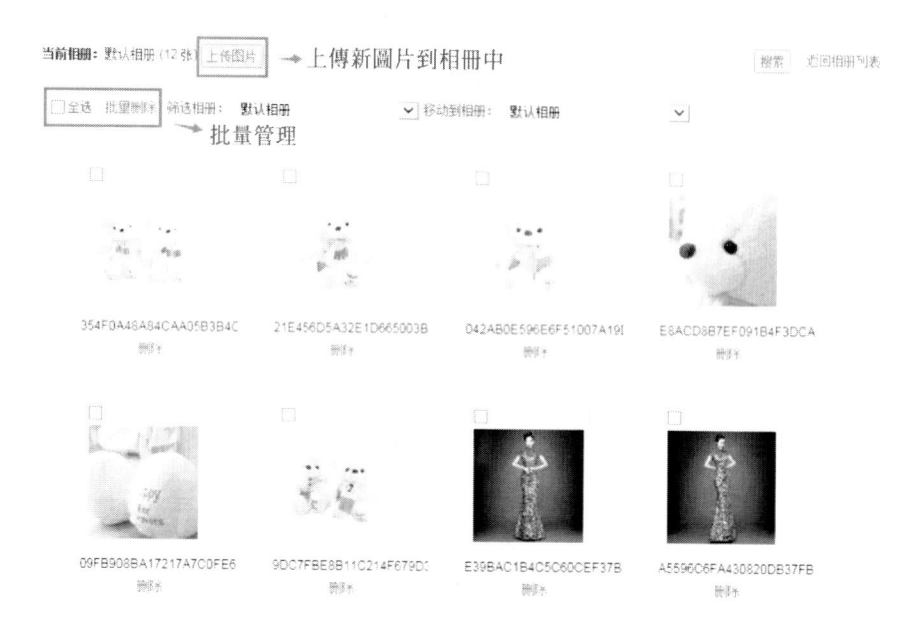

圖9-25 相冊管理界面

點擊「本地上傳」，一次最多可同時上傳4張圖片，如圖9-26所示。

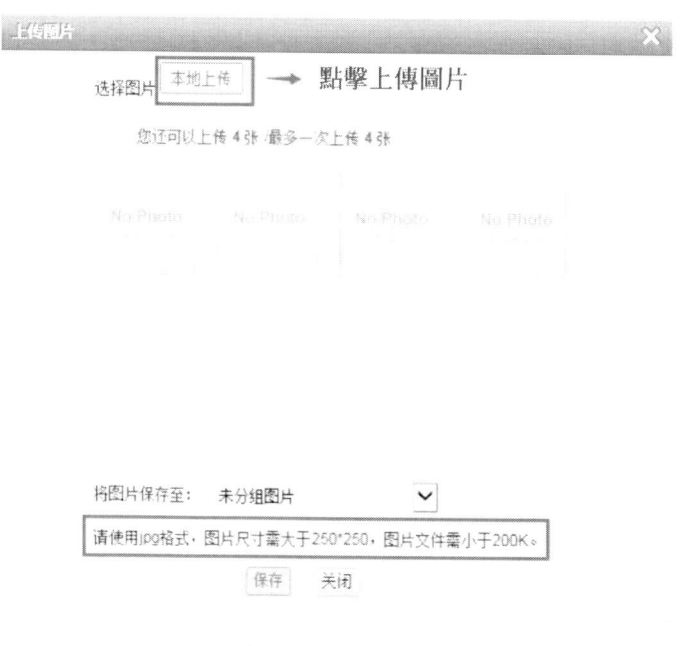

圖9-26 上傳圖片

9.2.3 買家詢盤（進口業務）

作為買家，有 2 種方式可以與賣家取得聯繫：一是直接在阿里國際站首頁上尋找產品進行詢價，二是在「採購直達」模塊中發布自己的採購需求。

9.2.3.1 對產品詢價

在實訓首頁上點擊「阿里巴巴國際站」字樣，進入買家首頁，如圖 9-27 所示。

圖 9-27 進入阿里巴巴國際站買家首頁

在國際站首頁上，買家可以直接瀏覽賣家發布的產品，也可以通過產品分類進行查看，或者是直接在搜索框內輸入關鍵詞搜索，找到自己心儀的產品，如圖 9-28 所示。

圖 9-28 搜索產品

買家找到有購買意向的產品後，可仔細瀏覽其各項屬性，然後點擊「Contact Supplier」聯絡賣家進行詢盤，如圖 9-29 所示。

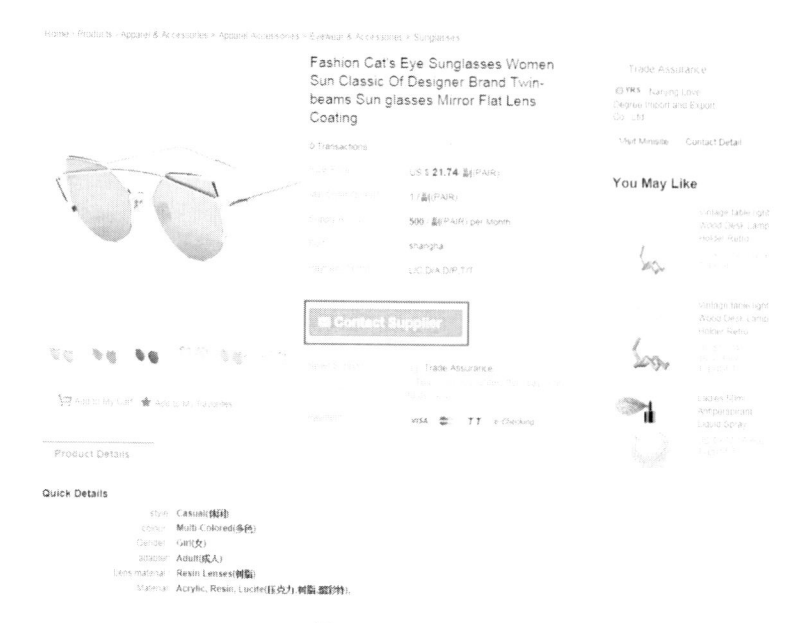

圖 9-29　聯絡賣家

輸入準備訂購的數量及詢盤內容，點擊右下角「Contact Supplier」發送給賣家，如圖 9-30 所示。

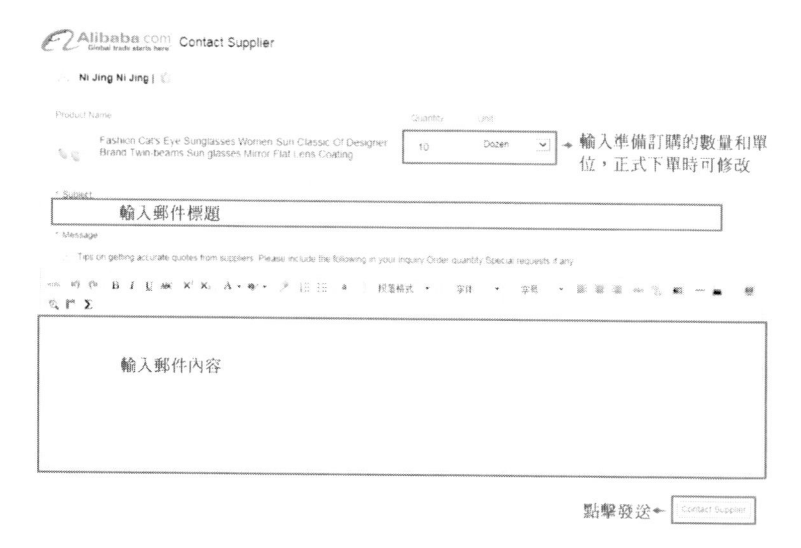

圖 9-30　詢盤

詢盤發送後，回到實訓首頁，點擊「後臺管理」，如圖9-31所示。

圖9-31 進入後臺管理

進入後臺，在左側菜單中選擇「詢盤」進入，就可以看到剛才發送詢盤的這筆業務。當賣家回覆後，買家可以點擊「查看詳情」，查看賣家的回覆，如圖9-32所示。

圖9-32 查看詢盤

9.2.3.2 發布採購需求

除了直接在首頁上搜索產品向賣家詢價以外，買家也可以主動發布自己的採購需求，讓賣家來報價。

進入「後臺管理」，在左側菜單中選擇「採購直達—發布採購需求」，如圖9-33所示。

圖9-33 發布採購需求

進入發布採購需求操作界面，輸入相關內容，填寫完成後點擊「Submit Buying Request」提交，如圖9-34所示。

図 9-34　提交購買請求

發布採購需求後，在左側菜單中選擇「採購直達—我的採購」進入，就可以看到剛才發布的採購需求，如圖 9-35 所示。

図 9-35　我的採購

買家在採購需求列表中，可以查看是否收到賣家的報價。分別點擊「報價 1」「報價 2」……查看賣家的回覆，如圖 9-36 所示。

図 9-36　查看報價

在報價詳情界面中，點擊「Start Order」進入訂單洽談界面。後面的操作請查看「在線洽談」，如圖 9-37 所示。

圖 9-37　進入洽談界面

9.2.4　賣家報價（出口業務）

9.2.4.1　對產品報價

賣家應該時刻關注收到的買家詢盤消息，並及時給予回覆。

操作步驟：

在左側菜單中選擇「詢盤」，查看收到的買家消息，如圖 9-38 所示。

圖 9-38　查看買家詢盤

點擊「查看詳情」按鈕，進入訂單洽談頁面，在頁面右側可看到買方發送郵件的具體內容，如圖 9-39 所示。

圖 9-39　查看郵件

在正式給買家報價之前，需要先進行價格預算。操作方法為：在訂單洽談界面中，點擊「打開預算表」按鈕，如圖 9-40 所示。

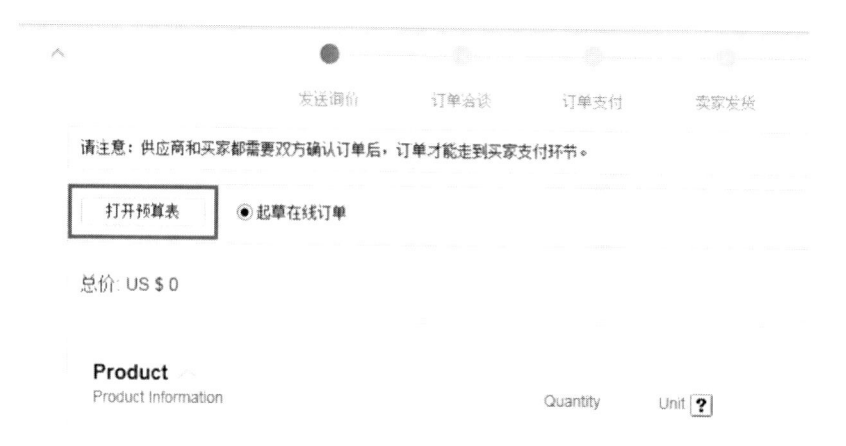

圖 9-40　打開預算表

打開出口預算表進行填寫，按照下方的計算幫助核算各項費用。核算完成後，再在洽談界面右下角輸入框內輸入郵件內容，對進口商進行報價，如圖 9-41 所示。

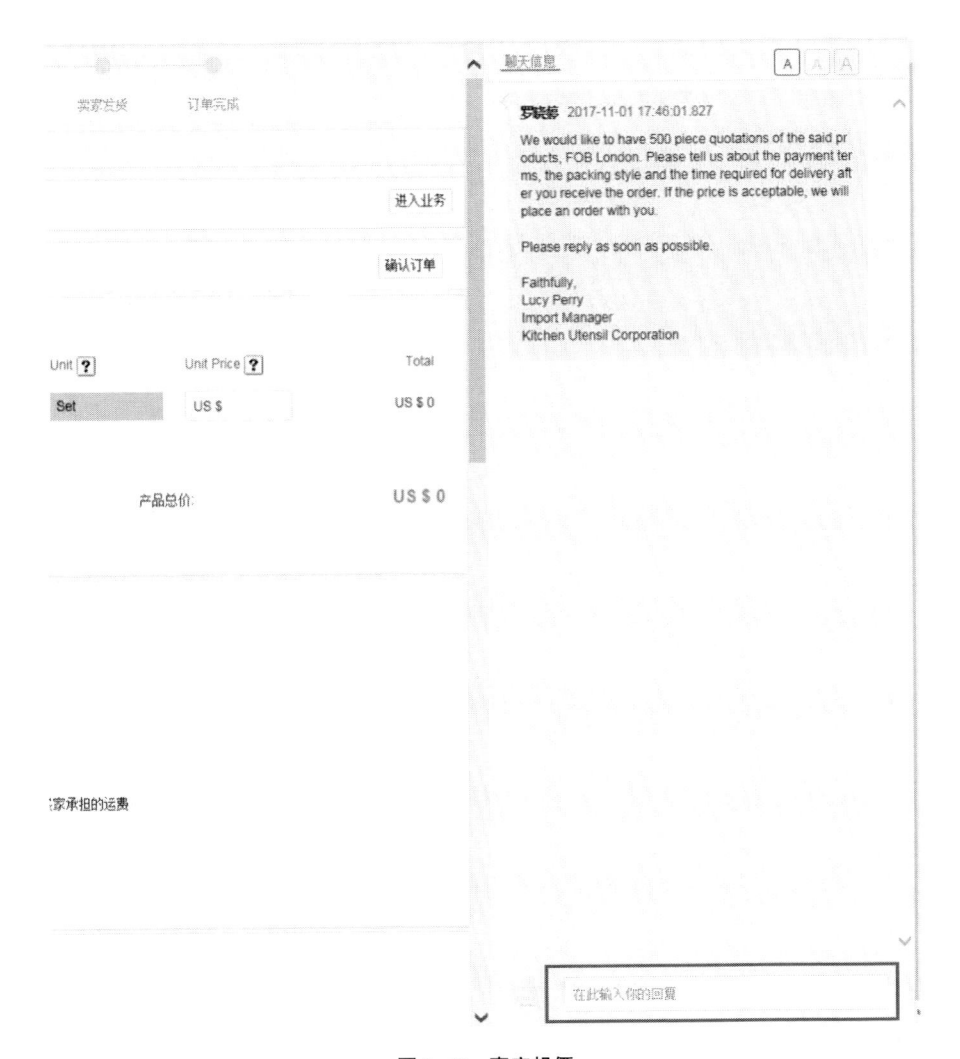

圖 9-41　賣家報價

9.2.4.2　RFQ 市場報價

除了關注買家對產品發送的詢盤以外，賣家還應隨時關注 RFQ（Request for Quotation，報價請求）市場，查看客戶的採購需求。

操作步驟：

在左側菜單中選擇「商機獲取—RFQ 市場」，如圖 9-42 所示。

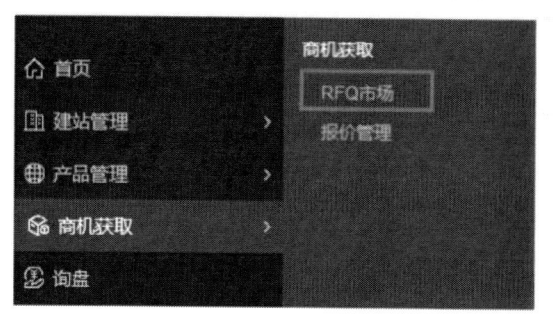

圖 9-42　RFQ 市場

進入 RFQ 市場，查看買家發布的採購需求信息，從中尋找合適的項目進行報價，如圖 9-43 所示。

圖 9-43　查看買家採購需求

在對具體產品進行報價之前，賣家需要查看該商品的採購成本。具體方法為：在首頁上點擊「工廠訂貨」，進入工廠訂貨界面，如圖 9-44、圖 9-45 所示。

圖 9-44　進入工廠訂貨

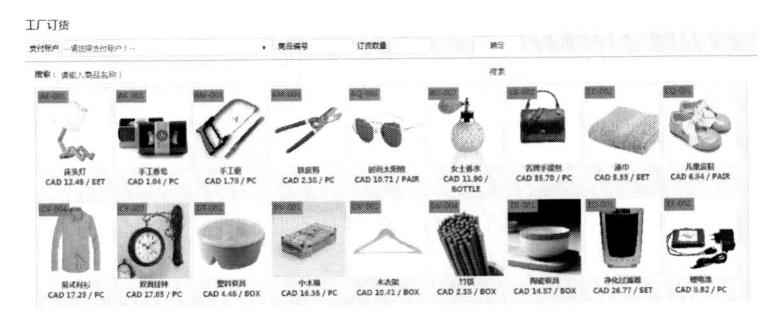

圖 9-45　工廠訂貨界面

參考此處的工廠採購成本進行報價（注意換算匯率，在左側菜單中選擇「資料查詢—匯率」進行查找）。建議報價範圍參考：EXW（採購成本 * 110%~120%），FOB/FCA/FAS（採購成本 * 115%~125%），CFR/CPT（採購成本 * 120%~130%），CIF/CIP/DAT/DAP（採購成本 * 125%~135%），DDP（採購成本 * 155%~165%）。

確定報價後，回到 RFQ 市場，點擊對應採購信息的「立即報價」按鈕進行報價，如圖 9-46 所示。

圖 9-46　進入立即報價界面

輸入報價函的標題與內容，然後點擊右下角「立即報價」按鈕發送給對方，如圖 9-47 所示。

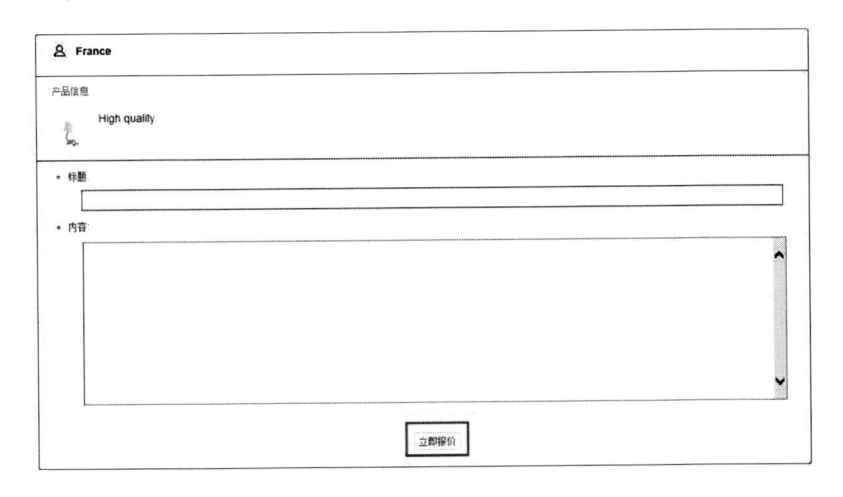

圖 9-47　填寫報價

報價完成後，可在左側菜單進入「商機獲取—報價管理」，查看自己發送過的歷史

報價，如圖 9-48 所示。

圖 9-48　報價管理

點擊「詳情」進入報價詳情界面，如圖 9-49 所示。

圖 9-49　進入報價詳情界面

在報價詳情界面中，點擊「Start Order」進入訂單洽談界面。

9.2.5　洽談簽約

買賣雙方磋商完成，就各項交易條件達成一致後，就可以準備簽訂單了。

操作步驟：

賣家進入訂單詳情頁面，可根據雙方磋商情況，詳細填寫產品數量、單價、裝運信息、付款信息等各項內容，填寫完成後點擊「確認訂單」按鈕發送給買家，如圖 9-50 所示。

賣家發送訂單後，買家同樣進入訂單洽談頁面，就可以看到賣家填寫的各項條款，如果同意，可直接點擊右上方的「確認訂單」；如果不同意，可直接修改，然後點擊「確認訂單」發送給對方再次確認，直到雙方均同意所有條款為止。

圖 9-50　確認訂單

9.2.6　線下履約

如圖 9-51 所示，合同簽訂完成後，即可開始履行合同。

圖 9-51　合同已完成

進入左側菜單「交易管理」，點擊最下排的「履約辦理」按鈕（圖 9-52），可進入履約流程圖，按照步驟順序進行線下操作（見圖 9-53）。

圖 9-52　履約辦理

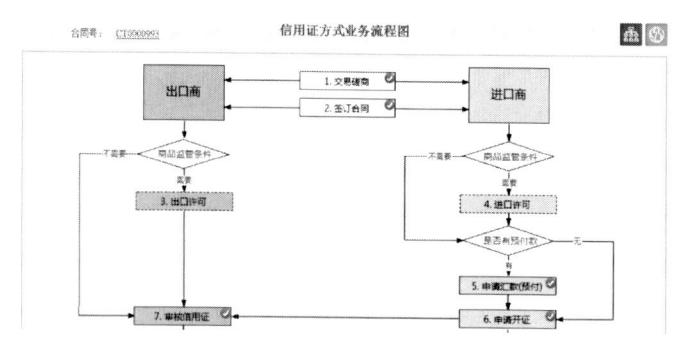

圖 9-53　信用證方式業務流程圖

點擊「履約辦理」右側的「單證中心」，則可進行單據的添加與製作，如圖 9-54 所示。

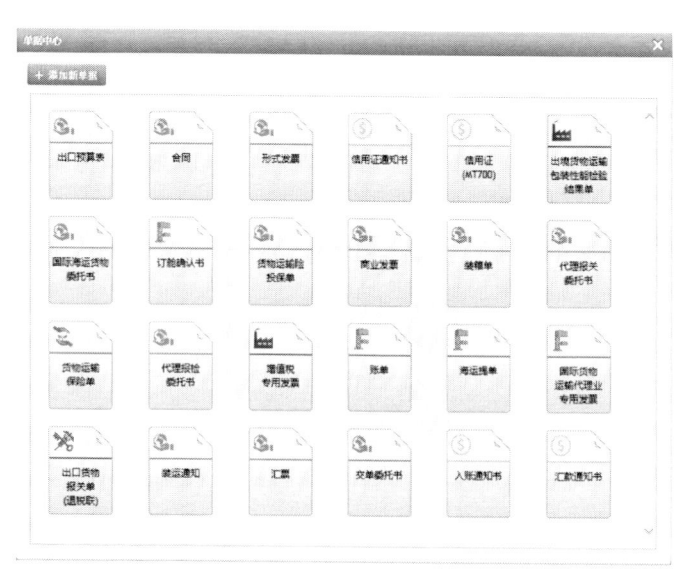

圖 9-54　添加與製作單據

下面以一筆FOB（Free on Board，船上交貨價格）方式下的海運業務為例，簡述整筆業務流程。

9.2.6.1 進口商預付貨款

學生以進口商角色登錄後，進入該筆業務操作界面。

（1）在「單證中心」添加「境外匯款申請書」並進行填寫（填寫完成後點擊左邊「！」檢查，如果單據標題處打上綠色的「√」，說明填寫通過可以使用）。

（2）進入「履約辦理」，在流程圖上點擊「申請匯款（預付）」。

（3）選擇提交合同、形式發票、境外匯款申請書，完成申請匯款。

9.2.6.2 出口商訂貨

學生以出口商角色登錄後，進入該筆業務操作畫面。

（1）在「單證中心」打開「合同」，查看合同中的商品編號和數量，如圖9-55所示。

圖9-55　查看合同

（2）進入「履約辦理」，在流程圖上點擊「訂貨」，根據「合同」中的商品編號和數量，輸入購買對應數量的商品編號及數量，如圖9-56所示。

圖9-56　訂貨

訂貨申請提交後，需等待工廠生產貨物。

9.2.6.3 出口商申請產地證

（1）出口商在「單證中心」打開「合同」，查看合同中的「Documents required（單據）」相關規定。

系統中的產地證包括一般原產地證、普惠制產地證、東盟產地證及亞太產地證4種，合同中勾選哪種即需申請哪種產地證，如圖9-57所示。如果4種均未勾選，則直接跳過下面的步驟不用做。

圖 9-57　勾選產地證

（2）如果需要申請產地證，則仍在「單證中心」界面，分別添加「商業發票」「裝箱單」「原產地證明書申請書」以及合同中要求的對應產地證書（「一般原產地證」「普惠制產地證」「東盟產地證」「亞太產地證」4種其中之一）進行填寫（每張單據填寫完成後點擊左邊的「！」檢查，如果單據標題處打上綠色的「√」，說明填寫通過可以使用）。

（3）進入「履約辦理」，在流程圖上點擊「申請產地證」。

（4）選擇提交「商業發票」「裝箱單」「原產地證明書申請書」和合同要求的相應產地證書，完成申請產地證。

申請提交後，需等待檢驗機構進行處理，簽發相關產地證。

9.2.6.4 進口商委託貨代

當合同為FOB貿易術語時，貨物運輸由進口商負責，需要進口商先完成委託貨代並指定貨代給出口商，出口商才可以委託貨代訂艙。

學生以進口商角色登錄後，進入該筆業務。

（1）在「單證中心」添加「國際海運貨物委託書」（合同規定運輸方式為海運「By sea」）或「國際空運貨物委託書」（合同規定運輸方式為空運「By air」），並進行填寫。

（2）進入「履約辦理」，在流程圖上點擊「委託貨代—詢價」，填寫詢價單然後發送。

（3）接受報價後，點擊「委託貨代」。

（4）選擇提交「國際海運貨物委託書」或「國際空運貨物委託書」，完成委託

貨代。

9.2.6.5 出口商委託訂艙

學生以出口商角色登錄後，進入該筆業務。

（1）在「單證中心」添加「國際海運貨物委託書」（合同規定運輸方式為海運「By sea」）或《國際空運貨物委託書》（合同規定運輸方式為空運「By air」），並進行填寫。

（2）進入「履約辦理」，在流程圖上點擊「委託訂艙—詢價」，填寫詢價單然後發送。

（3）接受報價後，點擊「委託訂艙」。

（4）選擇提交「國際海運貨物委託書」或「國際空運貨物委託書」，完成委託訂艙。

申請提交後，需等待貨代公司進行處理。

9.2.6.6 出口商提供報關資料

（1）出口商在「單證中心」添加「代理報關委託書」「代理報檢委託書」（商品資料中海關監管條件含「B」或合同中要求提交檢驗證書的才需要「代理報檢委託書」，否則可不填）並填寫。

（2）進入「履約辦理」，在流程圖上點擊「提供報檢報關資料」（出口方）。

（3）選擇提交相應的單據（具體可查看界面上的操作步驟說明），完成提供報關資料。

申請提交後，需等待貨代公司進行處理。

9.2.6.7 出口商支付費用

（1）出口商收到出口貨代簽發帳單的消息後，進入「履約辦理」，在流程圖上點擊「支付貨代費用」（出口）。

（2）選擇提交「帳單」，完成支付費用。

9.2.6.8 出口商發送裝運通知

（1）出口商在「單證中心」添加「裝運通知」並填寫。

（2）在流程圖上點擊「裝運通知」按鈕，再點擊「發送裝運通知」。

（3）點擊左上角「Compose」新建郵件，輸入標題「Subject」（例如：Shipping Advice）和內容「Text」，在標題右側下拉列表中選擇「Shipping Advice」（一定要選對），然後點擊「Send」按鈕，發送裝運通知。

申請提交後，系統將自動將裝運通知單據發送給進口商。

9.2.6.9 出口商寄單

（1）出口商進入「履約辦理」，在流程圖上點擊「寄單」。

（2）選擇提交相應的單據（具體可查看界面上的操作步驟說明），完成寄單。

9.2.6.10 出口商國際收支網上申報

（1）出口商進入「履約辦理」，在流程圖上點擊「國際收支網上申報」。

（2）點「登錄」按鈕，選擇「國際收支網上申報系統（企業版）」，打開申報信息錄入列表。

（3）點擊待申報業務條目的申報號碼，進入該筆業務的申報信息錄入頁面，進行填寫（大部分信息已由銀行自動生成，只需填寫中間部分欄位）。

（4）填寫完成後，點擊「保存」，再點擊「提交」，即為申報成功。

9.2.6.11 出口退稅

（1）出口商進入「履約辦理」，在流程圖上點擊「出口退稅」。

（2）選擇提交「商業發票」「增值稅專用發票」「出口貨物報關單（退稅聯）」，完成出口退稅。

至此，出口方所有流程完成。

9.2.6.12 進口商投保

進口商角色登錄後，進入該筆業務。

（1）在「單證中心」添加「貨物運輸險投保單」，並進行填寫。

（2）進入「履約辦理」，在流程圖上點擊「進口投保—逐筆投保」。

（3）選擇提交「貨物運輸險投保單」，完成逐筆投保。註：如果此時貨物已經抵達進口港，則無法再投保。

申請提交後，需等待保險公司進行處理。

9.2.6.13 進口提供報關資料

（1）進口商在「單證中心」添加「代理報關委託書」「代理報檢委託書」（商品資料中海關監管條件含「A」的才需要「代理報檢委託書」，否則可不填）並填寫。

（2）進入「履約辦理」，在流程圖上點擊「提供報檢報關資料」（進口）。

（3）選擇提交相應的單據（具體可查看界面上的操作步驟說明），完成提供報關資料。

申請提交後，需等待貨代公司進行處理。

9.2.6.14 進口商支付費用

（1）進口商進入「履約辦理」，在流程圖上點擊「支付貨代費用」（進口）。

（2）選擇提交「帳單」，完成支付費用。

9.2.6.15 進口商外匯監測系統申報

（1）進口商進入「履約辦理」，在流程圖上點擊「外匯監測系統申報」。

（2）點「登錄」按鈕，選擇「貨物貿易外匯監測系統（企業版）」，打開申報信息錄入列表。

（3）選中待申報的業務條目後，再點擊右下方的「新增」按鈕，進入該筆業務的申報信息錄入頁面，進行填寫（大部分信息已由銀行自動生成，只需填寫下面幾欄）。

（4）填寫完成後，點擊「保存」，再點擊「提交」，即為申報成功。

9.2.6.16　銷貨

學生以進口商角色登錄後，進入業務操作畫面。

（1）進入「履約辦理」，打開業務流程圖。

（2）點擊流程圖上的「銷貨」按鈕，打開商品列表，然後再點擊要銷售的商品對應的「售出」按鈕，在彈出的界面中點擊「確定售出」即可。

參考文獻

[1] 董薈琪. 中國跨境電子商務進口平臺發展研究［D］. 天津：天津商業大學，2016.

[2] 方貴仁. 關於跨境電商的行銷模式的探討［J］. 電子商務，2017（4）：47-48.

[3] 龔裕富. 跨境電商B2B出口業務發展研究［D］. 杭州：浙江大學，2017.

[4] 何葉. 國內外跨境電商營運模式和法律法規［J］. 通信企業管理，2015（11）：14-17.

[5] 賀正楚，潘紅玉. 中國製造業跨境電商發展面臨的問題及對策［J］. 求索，2017（6）：127-135.

[6] 赫永軍. 中國跨境電商的發展現狀及問題研究［D］. 長春：東北師範大學，2017.

[7] 胡英華. 跨境電商背景下的國際結算方式研究［J］. 中國市場，2017（12）：273-274.

[8] 黃彬，王磬. 大型電子商務企業物流管理現狀分析與對策——以蘭亭集勢公司為例［J］. 技術與市場，2016，23（11）：150.

[9] 黃玉珊. 跨境電商企業的自主品牌行銷策略探討［J］. 電子商務，2016（5）：51-52.

[10] 李楊純子. 跨境物流新模式——海外倉選址研究［D］. 杭州：浙江大學，2017.

[11] 李月喬. 中國中小外貿企業開展跨境電商面臨的機遇與挑戰［D］. 石家莊：河北經貿大學，2016.

[12] 李柵淳. 中國跨境電子商務發展現狀、問題及對策研究［D］. 長春：吉林大學，2017.

[13] 馬嬈. 轉型升級背景下跨境電商發展問題及對策［J］. 中國商論，2017（6）：75-77.

[14] 平萍. 跨境電商的外貿人才培養模式研究［J］. 對外經貿，2016（12）：144-145.

[15] 強蔚蔚. 中國跨境電商現狀及對策的研究［D］. 昆明：雲南師範大學，2016.

[16] 秦娟. 中國（重慶）跨境電子商務綜合試驗區的機遇與挑戰［J］. 時代金融，2017（12）：84-85.

[17] 上海市工商局課題組. 中國跨境電子商務發展現狀與監管對策研究［J］. 中國工商管理研究，2015（10）：38-42.

[18] 譚文婷. 跨境電商自營模式研究——以蘭亭集勢為例［J］. 江蘇商論，2017（1）：26-28.

[19] 王芳. 3BC，大龍網的優勢與尷尬［J］. 企業管理，2017（8）：67-71.

[20] 王豐. 跨境電子商務環境下關稅法律問題研究［D］. 大連：大連海事大學，2017.

[21] 王潔. 中國跨境電子商務平臺經營影響因素研究——基於速賣通和敦煌網的案例分析［D］. 蚌埠：安徽財經大學，2016.

[22] 王秋霞，楊莇. 中國跨境電商主要支付方式初探［J］. 商場現代化，2017（12）：90-91.

[23] 王帥. 速賣通和亞馬遜跨境電子商務支付的對比研究［D］. 北京：北京化工大學，2015.

[24] 王筱敏. 跨境電商平臺商業模式創新研究［D］. 杭州：浙江工業大學，2016.

[25] 徐傳正. 中國 B2B 出口電商平臺 2.0 版商業模式研究［D］. 北京：北京林業大學，2016.

[26] 徐萌萌. 中國跨境電商發展的現狀及問題研究［D］. 合肥：安徽大學，2016.

[27] 徐世海. 跨境電子商務人才培養的必要性及對策研究［J］. 湖北經濟學院學報（人文社會科學版），2016，13（10）：76-77.

[28] 許馨月. 中國跨境電子商務發展現狀及推進政策研究［J］. 對外經貿，2017（3）：80-83.

[29] 張莉.「1+12」個跨境電商綜合試驗區意味著什麼［EB/OL］.（2016-03-29）［2018-06-23］. http://www.chinatoday.com.cn/chinese/economy/fxb/201603/t20160329_800053380.html.

[30] 張夏恒. 跨境電商類型與運作模式［J］. 中國流通經濟，2017，31（1）：76-83.

[31] 張曉燕. 中國跨境物流海外倉發展存在的問題及完善對策［J］. 對外經貿實務，2017（1）：84-87.

[32] 張志勤. 蘭亭集勢跨境電商營運模式問題研究［D］. 南昌：江西財經大學，2016.

[33] 祝夢瑤. 中國跨境電子商務法律制度的困境及完善［D］. 杭州：浙江大學，2017.

[34] 鄒威. 京東跨境電子商務物流發展對策研究［J］. 物流科技，2016，39（6）：72-74.

國家圖書館出版品預行編目（CIP）資料

經營中國跨境電商理論與實訓 / 王美英, 李軍, 羅珊珊 主編. -- 第一版. -- 臺北市：崧博出版：崧燁文化發行, 2019.05
　面；　公分
POD版

ISBN 978-957-735-810-3(平裝)

1.電子商務 2.商業管理 3.中國

490.29　　　　　　　　　　　　　　　108005759

書　　名：經營中國跨境電商理論與實訓
作　　者：王美英、李軍、羅珊珊 主編
發 行 人：黃振庭
出 版 者：崧博出版事業有限公司
發 行 者：崧燁文化事業有限公司
E-mail：sonbookservice@gmail.com
粉絲頁：　　　　　網址：
地　　址：台北市中正區重慶南路一段六十一號八樓 815 室
8F.-815, No.61, Sec. 1, Chongqing S. Rd., Zhongzheng Dist., Taipei City 100, Taiwan (R.O.C.)
電　　話：(02)2370-3310 傳　真：(02) 2370-3210
總 經 銷：紅螞蟻圖書有限公司
地　　址：台北市內湖區舊宗路二段 121 巷 19 號
電　　話：02-2795-3656 傳真：02-2795-4100　　網址：
印　　刷：京峯彩色印刷有限公司（京峰數位）

　本書版權為西南財經大學所有授權崧博出版事業股份有限公司獨家發行電子書及繁體書繁體字版。若有其他相關權利及授權需求請與本公司聯繫。

定　　價：380 元
發行日期：2019 年 05 月第一版
◎ 本書以 POD 印製發行